生态茶园
种植管理技术

福建省现代农业产业技术体系丛书编委会

主　　任：陈明旺

副主任：陈　强　吴顺意

委　员：陈　卉　许惠霖　何代斌　苏回水　徐建清

《生态茶园种植管理技术》编写组

主　　编：张雯婧

副主编：李慧玲　王让剑　于学领　李兆群

参　　编：（按姓氏笔画为序）

王育平　苏　峰　杨　军　吴志丹　何孝延　张　辉

张艳璇　徐　斌　高　峰　曾明森　廖　红

海峡出版发行集团　福建科学技术出版社
THE STRAITS PUBLISHING & DISTRIBUTING GROUP　FUJIAN SCIENCE & TECHNOLOGY PUBLISHING HOUSE

图书在版编目（CIP）数据

生态茶园种植管理技术 / 张雯婧主编. —福州：福建
科学技术出版社, 2022.12
　ISBN 978-7-5335-6829-0

　Ⅰ. ①生… Ⅱ. ①张… Ⅲ. ①无污染茶园－管理Ⅳ.
①S571.1

中国版本图书馆CIP数据核字（2022）第176237号

书　　名	生态茶园种植管理技术	
主　　编	张雯婧	
出版发行	福建科学技术出版社	
社　　址	福州市东水路76号（邮编350001）	
网　　址	www.fjstp.com	
经　　销	福建新华发行（集团）有限责任公司	
印　　刷	福建省金盾彩色印刷有限公司	
开　　本	700毫米×1000毫米　1/16	
印　　张	9.5	
字　　数	152千字	
版　　次	2022年12月第1版	
印　　次	2022年12月第1次印刷	
书　　号	ISBN 978-7-5335-6829-0	
定　　价	35.00元	

书中如有印装质量问题，可直接向本社调换

前言

　　推进农业绿色发展是农业发展观的一场深刻革命。党的十八大以来，党中央、国务院和福建省委、省政府高度重视生态文明建设，福建农业绿色发展成效明显、成果丰硕，为生态省建设作出了积极贡献。茶叶是福建重要的优势特色产业，在农业农村经济发展和乡村振兴中占有举足轻重的地位。早在 2008 年，福建就在全省范围组织实施生态茶园建设项目，开启了茶产业践行绿色发展的新篇章。经过十多年的探索和积累，如今，建设生态茶园已成为福建茶叶生产经营主体的共识，茶产业绿色发展理念日益深入人心。

　　2021 年 3 月，习近平总书记来闽考察时强调，要统筹做好茶文化、茶产业、茶科技这篇大文章。习近平总书记的重要讲话，为我们立足新发展阶段，推动茶产业高质量发展指明了前进方向，注入了强大动力，提供了根本遵循。编写《生态茶园种植管理技术》就是贯彻落实总书记重要讲话精神，提升闽茶科技支撑力的一项重要工作。本书旨在指导全省生态茶园建设，充分发挥茶园生态的自我调节功能，依托低能耗、高功效的茶园综合生产技术模式，有效提高茶园单产和茶叶产品质量，促进茶产业可持续发展。

本书所含技术内容主要为福建省经验，仅供参考。

作者

2022 年 5 月

目录

一、福建省茶园发展概况

茶树是喜温好湿的亚热带多年生经济作物。茶树适宜的气候条件是：年平均气温在15℃以上，≥10℃积温4500℃以上，极端最低气温一般不低于–5℃，最高气温一般不高于35℃；年降水量1000~1800毫米，空气相对湿度为70%~85%。福建位于我国东南沿海，地处北纬23°33′~28°19′，属亚热带季风性湿润气候。全省各地年平均气温多在15~21℃，≥10℃积温4500~7600℃，极端最低气温大部分地区大于–5℃，绝大部分地区年降水量1300~1800毫米，且降水主要集中在茶树生长旺盛的春夏两季，年平均空气相对湿度在70%~85%。因此，福建绝大部分地区的气候条件是很适宜茶树生长的。

图1-1　福鼎茶园风貌（吴维泉　摄）

1

（一）福建茶园现状与存在问题

随着市场经济发展，福建茶园面积从 1980 年的 164.8 万亩扩张到 2020 年的 335.9 万亩。早期在物资匮乏的年代，为追求产量导致过度施用化肥和农药。自 2015 年来，农业部提出减肥减药，实施方式不仅仅是单纯减少化学用品的使用量，更是要提高茶园综合性生态环境。通过恢复自然生态环境和生物群落系统，充分利用光、水、营养物质，从而提高资源利用率和生物产出率，同时获得生态和经济效益，形成整体协调、循环再生和经济高效的茶园生态系统。

1. 防止水土流失

据最新文献研究表明，福建省有 55% 的茶园其海拔高度在 100~500 米范围内；68% 的茶园坡度在 5°~20° 范围内，92% 的茶园分布在 25° 以下的缓坡地带。坡度较大的区域土层厚度薄、保水保肥能力差，不利于茶树生长。福建丘陵低山地以酸性红壤为主，且土层较厚，有利于茶树生长，但这种丘陵低山地红壤在植被遭破坏后，土壤矿质养分一般都较低。在不引起水土流失的情况下，2012 年出台的《福建省促进茶产业发展条例》第二十六条规定，"禁止在坡度二十五度以上的陡坡地以及水土流失严重、生态脆弱的地区新开垦茶园。对坡度过陡且无法进行生态改造的茶园，应当退茶还林，避免水土流失。"

图 1-2　永春县玉斗镇红山场老丛佛手茶园（黄少生　供）

2. 土壤酸化，施肥不均

据近年来国家和福建省茶叶产业技术体系在全省多个主产县茶园土壤的多点取样分析，福建省茶园土壤与培肥主要存在以下突出问题。

（1）茶园土壤酸化明显，营养元素失衡

全省茶园耕层土壤平均 pH 为 4.31，pH ≤ 4.5 的土壤数占 76.03%，pH < 4.0 的占 31.70%，土壤酸化明显。土壤酸化造成茶园土壤营养元素失衡，速效钾和有效镁属于缺乏等级。

（2）肥料投入养分比例失衡，有机肥施用比例偏低

全省茶园磷、钾养分投入过量的茶园分别占 53.8% 和 60.9%，主要源于等比例的三元复合肥的过量施用。过量施用磷、钾肥，造成土壤养分比例失衡，导致茶树冬季开花结果过旺，大量消耗树体养分从而抑制茶树营养生长，引发产量下降、品质降低。此外，有机肥普及率偏低，全省配施有机肥（含全量施用有机肥）的茶园面积比例不足 25%。

（3）茶园养分运筹不尽合理，肥料利用率普遍较低

肥料分次施用可以保证茶树在不同时期的养分供给，避免集中施肥导致的养分损失和浪费。福建省茶区肥料主要依靠人工施用，成本攀升较快，而肥料价格

图 1-3　大田县茶叶基地（王上成　供）

相对较为低廉,许多茶区采取减少施肥次数以节省人工成本。全省茶园基肥、春肥、夏肥、秋肥的比例为 12% : 35% : 17% : 36%,基肥投入不足,夏秋茶追肥投入过高,造成肥料利用率普遍较低。

（二）福建省生态茶园建设具体措施

1. 生态茶园的定义和建设意义

（1）生态茶园定义

以茶树为主要物种,根据生态学理论,应用生态系统人工设计原理,综合运用一系列可持续农业技术,将茶园生物与生物、生物与环境间的物质循环和能量转化相关联,科学合理构建和管理茶树及次要植物系统,创造适宜茶树生长的光照、温度、湿度、土壤肥力和伴生生物等生态环境条件,以及便利人类从事茶叶生产及生态景观优美的茶园环境,达到资源节约、环境友好、产量持续稳定、产品安全优质的茶园。

图 1-4　武夷山茶园（吴成建　供）

（2）生态茶园建设的意义

建设生态茶园，其意义主要表现在六个方面：一是有利于茶园植被的恢复，改善和促进生态的平衡；二是有利于茶园有益生物的繁衍，有效控制和减少病虫害发生，确保茶叶产品质量安全；三是有利于水土保持和改善土壤肥力，促进茶树生长；四是有利于形成更多的散射光、漫射光，改善茶园小气候，提高茶叶质量；五是有利于生态效益的提高，确保茶业的可持续发展；六是有利于"蓝天、青山、碧水"的形成，促进茶文化旅游的繁荣。

图1-5　武夷山江墩自然村生态茶园（张光丞　供）

（3）生态茶园环境选择

茶园周边森林、植被保存较好，生态平衡。严禁砍树毁林种茶。坡度大于25°的山地，禁止开荒种茶。避开都市、工业区和交通要道。茶园周围5千米内，不得建有排放有害物质（包括有害气体）的工厂、矿山、作坊、土窑等。茶园四周有山体、森林、河流等天然屏障或人工防护林体系。空气、土壤、水源无污染。茶园与大田作物、居民生活区距离1千米以上，且有隔离带。

图1-6　大田县茶叶基地一角（王上成　供）

2. 实施现代茶产业项目

2009~2016年，依托中央财政支持现代茶业生产发展项目，在20多个重点产茶县建设高标准生态茶园，辐射推广面积超过100万亩。建设主要内容如下。

（1）茶园基础设施建设

茶园基础设施建设主要包括茶园水利设施与道路修建、茶园绿化树种多样化培育、茶园园地综合改造等。具体建设内容为：一是在茶园顶部、周围和茶园路旁、水渠旁、风口处种植茶园防护林，在茶园主干道、支道或茶园周围空闲地种植行道树。二是茶园道路建设，硬化茶园主干道与支干道，达到晴雨畅通的标准。三是进行茶园排、蓄水系统建设。在茶园园地内侧修筑竹节沟，在茶园周围空旷地或田林交界处建设蓄水池或蓄水坑，改善茶园的生态和满足茶园灌溉要求，同时建设完善的灌溉和排水系统。四是对老、旧茶园进行园地修复与改造，实现茶园梯层等高、保水、保肥等。

图 1-7　漳平樱花茶园（陈秀容　摄）

（2）高效机采茶园配套建设

内容包括：同一地块茶树品种良种化、统一化；科学种植茶树，修整台面，留足行间距，修建适合机采的高标准茶园；合理肥培管理，培育适应机采要求的茶树蓬面，推广应用茶树机采机剪设备与技术，解决劳动力紧张问题。

（3）茶园生产安全防控技术的推广应用

在主产区全面实施茶园生产安全绿色防控技术，建立茶树病虫害测报点，全面实施生物、物理防控技术，推广使用性诱剂、可降解的黄板和蓝板、太阳能杀虫灯等，确保茶叶产品卫生质量安全。

（4）茶园测土配方施肥

开展园地调查、采样测试、肥效试验、配方设计等工作，建立当地主要茶树施肥指标体系；建设茶叶测土配方施肥示范区片，展示茶叶测土配方施肥技术效果，并发放建议卡，引导茶农应用测土配方施肥技术。

图1-8　永春金斗洋茶园航拍（郑鹏程　供）

3. 制定生态茶园建设标准

近年来，国家大力提倡发展可持续农业、低碳农业，统筹协调发展农业与保护生态的关系。为进一步贯彻落实国家对农业的规划要求，保护福建各茶区茶园的生态环境，提高福建茶叶产品的品质，2009年经福建省质量技术监督局立项，由福建省种植业技术推广总站和福建农林大学共同承担，编制《生态茶园建设与管理技术规程》。该规程相较于当时相关标准，不同之处是更加注重结合产地茶园生态环境的综合保护和栽培管理技术，立足产地，提高产品质量。2013年，DB35/T 1322—2013《生态茶园建设与管理技术规范》正式颁布实施。

4. 出台相关政策

为贯彻落实中央农村工作会议精神，切实推进农业高质量发展，2018 年 2 月 6 日，农业部在福建省召开了全国推进质量兴农、绿色兴农、品牌强农工作会议，启动了"农业质量年"行动。5 月 20 日，福建省人民政府办公厅印发了《关于推进绿色发展质量兴茶八条措施的通知》，文件第二条及第三条从生态建园和农艺改良等方面完善生态茶园建设。

2021 年 3 月，习近平总书记来闽考察时强调，要统筹做好茶文化、茶产业、茶科技这篇大文章，坚持绿色发展方向，强化品牌意识，优化营销流通环境，打牢乡村振兴的产业基础。8 月 27 日，福建省农业农村厅印发《关于统筹做好"茶文化、茶产业、茶科技"这篇大文章推动茶产业高质量发展的若干意见》，第三点中提出："推行生态茶园建设。综合采取种树、留草、间作、套种、疏水、筑路、培土等措施，保持茶园水土，改善茶园生态。"

图 1-9　安溪云岭生态茶庄园（王育平　供）

二、生态茶园生产栽培管理技术

（一）常见品种及种植方式

1. 种苗选择

根据当地生产茶类的要求，选择适制相应茶类、抗逆性较强的茶树良种种植。品种无检疫性病虫害，种性特征明显，尤其能迎合市场需要的特性要突出。苗木健壮，高度大于 20 厘米，茎粗大于 5 毫米，分枝 3 个，叶片 12 张以上。

连片大面积茶园（茶园面积 ≥ 100 亩），应合理搭配种植早、中、晚生茶树良种，红、绿、白茶生态茶园早、中、晚种比例为 6∶3∶1，乌龙茶生态茶园早、中、晚种比例为 1∶2∶2，主导品种 2~3 个（占 70%）。

图 2-1　新品种（系）茶叶采摘（邱陈华　供）

2. 品种推荐

茶树栽培品种一般分有性系和无性系两类。由于茶树属于异花授粉作物，有性系品种父本比较模糊，所以后代种性相对混杂，表现为田间性状不一致，内在品质也有一定差异；无性系品种是由茶树器官（一般为短穗）培育而成，具有一致的遗传特性，植株外部形态和内在品质优势稳定，便于栽培管理和采摘加工。全世界产茶国都把无性良种推广率作为茶叶优质高效生产的重要指标。目前世界茶园平均无性良种比例已达 80% 以上。福建在 20 世纪 50 年代开始研究、普及短穗扦插育苗技术，至 70 年代初期，该技术已经在全省推广，目前福建茶园无性良种比例达 96%。随着生产的发展和市场的变化，许多原来认定优良的品种已经不适应市场的需求，需要进行改良和更新换代。

2015 年 11 月，第十二届全国人大常务委员会通过了修订的《中华人民共和国种子法》。新版《种子法》规定：除主要农作物和主要林木实行品种审定制度外，对部分非主要农作物实行品种登记制度。茶树品种的审批途径，由过去的国家和省两级审批变成由农业农村部或国家林业和草原局统一审批。

图 2-2　福建省短穗扦插育苗基地（吴维泉　摄）

现将可供选择的审（认）定品种列表如下。

表 2-1　福建省主栽茶树良种性状

品种名称	树型	叶类	发芽期	抗性	适制性	产量（千克/亩）	栽培要求
福云6号	小乔木	大叶	特早	强	红、绿茶	200~300	选中低海拔，双行双株定植，多次低位定剪，防早春霜冻
福鼎大白	小乔木	中叶	早	强	白、绿茶	200	土层深厚、双行双株定植
福鼎大毫	小乔木	大叶	早	强	红、绿、白茶	200~300	土壤深厚肥沃，多次低位定剪
福安大白	小乔木	大叶	早偏中	强	红、绿、白茶	300~400	土壤深厚肥沃，多次低位定剪
政和大白	小乔木	大叶	晚	中	红、绿、白茶	150	双行双株定植，多次低位定剪
九龙大白	小乔木	大叶	早	中	红、绿、白茶	200	双行双株定植，及时定剪3~4次，促进分枝
福建水仙	小乔木	大叶	晚	强	白、青茶	150	土层深厚，双行双株定植
白芽奇兰	灌木	中叶	晚	中	红、青茶	130	土层深厚，双行双株定植
佛手	灌木	大叶	中	较强	红、青茶	150	适当密植，增加定型修剪1~2次
黄观音	小乔木	中叶	早	较强	青茶	200	土层深厚，双行双株定植，加强肥培
丹桂	灌木	中叶	早	较强	红、绿、青茶	200	耐贫瘠；及时定剪3~4次，促进分枝

品种名称	树型	叶类	发芽期	抗性	适制性	产量（千克／亩）	栽培要求
金牡丹	灌木	中叶	早	较强	红、绿、青茶	150	深厚肥沃的黏质红黄壤
肉桂	灌木	中叶	晚	较强	青茶	150	双行双株定植，及时定剪3~4次，促进分枝
龙井43	灌木	中叶	特早	强	绿茶（扁）	200~300	土层深厚、有机质丰富，及时采摘，注意防炭疽病和丽纹象甲
乌牛早	灌木	中叶	特早	较强	绿茶（扁）	200~300	早春防霜冻，及时早采
梅占	小乔木	中叶	中	强	红、绿、青茶	200~300	土壤深厚肥沃，多次低位定剪
毛蟹	灌木	中叶	中	强	红、绿、青茶	200~300	浅沟栽植，及时采摘
黄旦	小乔木	中叶	早	强	红、绿、青茶	150	土层深厚，双行双株定植，加强肥培
铁观音	灌木	中叶	晚	较强	青茶	100	深厚肥沃的黏质红黄壤或石滑地，重施有机肥
金观音	灌木	中叶	早	强	绿、青茶	200	深厚肥沃的黏质红黄壤或石滑地
金萱	灌木	中叶	中偏早	强	青茶	较高	深厚肥沃，加强肥培管理

3. 种植时间

春季种植一般为 2 月上旬至 3 月上旬。秋季种植一般为 10 月下旬至 11 月下旬。

以栽后次日开始有较长雨水为好，但避免暴雨。秋冬季常出现干旱或低温霜

图 2-3　紫观音品种幼龄茶园（郑国华　供）　图 2-4　特异茶树种质奇曲结果（郑国华　供）

图 2-5　悦茗香品种母本园（郑国华　供）

图 2-6　金观音品种母本园（郑国华　供）

图 2-7　国家审（认、鉴）茶树品种：
丹桂（曹士先　供）

图 2-8　福建省（认）茶树品种：佛手（曹士先　供）

图 2-9　国家审（认、鉴）茶
树品种：黄观音（曹士先　供）

图 2-10　福建省（认）茶树
品种：肉桂（曹士先　供）

图 2-11　国家审（认、鉴）茶树
品种：福建水仙（曹士先　供）

图 2-12　国家审（认、鉴）茶树品种：梅占（曹
士先　供）

图 2-13　武夷名丛：白鸡冠（曹士先　供）

15

冻的茶区,宜早春种植。

4.种植方式

单条栽适于陡坡窄幅梯坎茶园。行距150厘米,丛距35厘米。每丛种茶苗2~3株,每亩种植茶苗3500~4000株。

双条栽适于缓坡或宽幅梯坎茶园。大行距150~160厘米,小行距35厘米,丛距35厘米,两小行茶丛交叉排列。每丛种植茶苗2株,每亩种植茶苗4000~5500株。

图 2-14 双条栽新建茶园(杨军 供)

(二)采摘

采摘作用有两个,一是培养树冠,二是提供加工原料。

培养树冠采摘:在第一次定型修剪前,当新梢长高25厘米左右时,摘去顶芽及嫩梢,以促进主干分枝;当第三次定型修剪后,树冠基本成型,但采摘面尚未达到"壮宽茂密"的程度,为培养理想的采摘面,必须采取"抑强扶弱"的措施,采摘方法掌握采高不采低、采中不采侧、采密不采疏的原则。

提供加工原料采摘：根据所加工茶类和等级的不同而有较大差别。

1. 采摘方式

采单芽：只采芽，不采嫩梢和叶片。一般要芽头比较肥壮，有白毫的品种，如福鼎大毫茶、福鼎大白茶、福安大白茶、政和大白茶、福云6号和7号等品种，其披满白毫的单芽可供加工"白毫银针"以及各种造型名优茶、工艺茶等。它可以直接从茶树上采芽，也可从一芽二三叶的茶青中抽取芽头，俗称"抽针"。福安、福鼎"抽针"取芽的方式用得比较多。

图2-15　采单芽（陈真乐　摄）

图2-16　头春采芽

常规采摘：采嫩梢，含芽和嫩叶。有采一芽一叶、一芽一二叶、一芽二三叶、一芽一叶初展等不同采摘方式，可供加工不同等级的绿茶、红茶、白茶。

图2-17　一芽一叶初展

小开面采：即顶芽开始停止生长（俗称驻芽），顶叶已展开且面积占第二叶1/3以下，采下驻芽二三叶。主要加工台式乌龙茶。

中开面采：采驻芽二三叶及幼嫩对夹叶。第一个叶片生长至成熟叶片的1/2大小，称中开面。闽南乌龙茶大部分按此标准采摘。

大开面采：当第一个叶片长至成熟叶片一般大小时开采，采驻第二、三叶及对夹叶。闽北乌龙茶大部分按此采摘标准。

图 2-18　小开面（顶叶已展开且面积占第二叶1/3以下）　　图 2-19　中开面（顶叶面积为第二叶的 1/3 至 2/3）　　图 2-20　大开面（顶叶面积为第二叶的 2/3 以上）

采单片：不是芽、梢、叶一起采，只采成熟度相近的叶片，加工时做青程度比较一致，工艺好掌握。这种情况仅在南方乌龙茶区偶尔采用，生产上并不普遍。

2. 采茶时间

红、绿、白茶以上午露水消失后至傍晚均可采摘。乌龙茶采茶时间以上午 10 时至下午 4 时为好。

3. 采茶方式

分手采和机采。做高档茶主要用手采，目前福建省手采约占 80%，机采（含采茶剪、采茶机两种）约占 20%。机采的茶青要进行去杂、分级，以便加工。

图 2-21　春茶手采（邹伟　供）

图 2-22　秋茶采摘（郑鹏程　供）

图 2-23　机械采茶（邹伟　供）

（三）树冠管理

主要是修剪，分为幼树定型修剪和生产茶园树冠修剪。树冠管理修剪分轻修剪、深修剪、重修剪、抽枝剪和台刈。

1. 幼树定型修剪

幼树一般要进行 3~4 次定剪，春夏秋季节都可进行，但春茶茶芽未萌发之前的早春 2~3 月为最好。第一次定剪在茶苗高 30 厘米以上时，离地 15~20 厘米处水平剪去，第二次在原剪口提高 15~20 厘米即离地 30~40 厘米处剪去，第三次在离地 45~50 厘米剪去，第四次离地 55~60 厘米处剪成弧形并培养树冠。第二至第四次定剪对象都是在上次定剪基础上所萌发的茎粗 0.4 厘米以上、展叶数达 7~8 片叶以上、已达半木质化的枝条。幼龄期间贯彻"以养为主，适当打顶"的采养方法，即在茶梢生长达到定剪高度以上进行打顶采，坚决防止早采、强采和乱采。

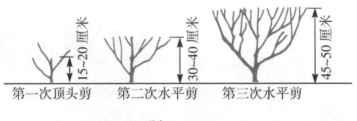

图 2-24　幼龄茶树修剪

2. 生产茶园树冠修剪

多数生产茶园的采摘茶树以采用压强扶弱抽枝剪为主，并结合冠面轻修剪。

图 2-25　茶园修剪（傅文森　供）

3. 轻修剪

轻修剪的主要目的是保持整齐的树冠采摘面。每年进行一次，每次修剪应在上次剪口上提高 3~5 厘米。低海拔茶区宜在 10~11 月进行，冬季有霜冻的茶区，为防止剪后芽叶受冻害，应在冬季或早春进行。剪去枯枝败叶、鸡爪枝，以促进新梢萌发。

图2-26 茶园修面（邹伟　供）　　　图2-27 茶园冲边修剪（清蔸亮脚）（邹伟　供）

4. 深修剪

深修剪的主要目的是更新采摘面。经3~5年生产，轻修剪后，顶部枝条生长能力差，必须进行更新。具体方法是剪去树冠顶部10~15厘米。深修剪时间可在秋季茶季结束后，或春茶结束后进行。

5. 重修剪

对象是树势趋向衰老，出现枯枝、虫蛀、主干退化呈灰白色、枝条细弱、新梢萌发无力，而骨干枝仍有较强活力的茶树，树龄一般达15年左右。具体方法是剪去树高的1/2~2/3，一般离地35~45厘米。操作时，剪口要平滑，避免撕裂。时间多掌握在春茶采摘后10天内进行。

图2-28 茶园深修剪（邹伟　供）　　　图2-29 重修剪茶园（郝志龙　供）

6. 抽枝剪

主要针对生长不良、分枝不均的茶树。具体做法是主干、壮枝重剪，弱枝轻剪或不剪；密枝多剪，疏枝少剪或不剪。其目的是抑强扶弱，促进侧枝生长，使整个树冠平衡壮大。

7. 台刈

台刈的对象是树势严重衰老，枝条披生苔藓和地衣，产量严重下降，到了不动大手术难以复壮的地步。具体方法是在颈部离地5~10厘米处用锯子割除。注意切口要平滑，根颈部有更新枝的，应保留2~3枝，以利水分和养分输导。

图 2-30 茶树台刈

（四）施肥管理

肥料是茶树的营养剂，适时、正确、平衡供肥能促进茶树生长，从而达到增产、提质、增效的目的。肥料品种很多，根据肥料性质不同，基本可以分为三类，即有机肥、无机肥、菌肥。要慎重选择施肥，最好经过测定土壤肥分，根据元素的盈缺合理补充，即"测土配方"施肥，它可以达到用肥省、肥效高的目的，避免盲目施肥造成无谓浪费。

1. 用肥量

一般根据茶叶产量来定。生产100千克干毛茶，消耗纯氮12~15千克，即按1：（0.12~0.15）的比例，再根据肥料中含氮率计算出肥料用量。氮、磷、钾比例一般为 3 ∶ 1 ∶ 1 或 4 ∶ 1 ∶ 1, 绿茶区氮素比例可适当多一些。有机肥以菜籽饼为例，每亩全年 250 千克。其他有机肥按养分含量酌情增减。

2. 施肥时机

根据不同茶区生产季节长短而定，如果只采春、秋两季茶，则选择"一基二追"的方法，即一次基肥、二次追肥，分冬、春、秋三次施肥，用肥比例为全年施肥量的 40%、36%、24%。如采春、夏、秋三季茶，则选择"一基三追"的方法，分别于冬、春、夏、秋施肥，每次施肥量比例为 30%、28%、21%、21%。春茶催芽肥应在春梢萌动前 20 天追施，其他追肥应于上个茶季采茶结束时施下。而基肥要在冬季茶树地上部进入休眠期时，挖沟施放。

图 2-31　茶园挖沟施肥	图 2-32　茶园机械开沟	图 2-33　茶园开沟下肥
（游芳宁　供）	（游芳宁　供）	（周世须　供）

基肥以有机肥为主，配施磷、钾肥。追肥可选用复合肥、尿素或生物固氮菌肥、有机复合肥等。畜禽肥等农家肥使用前须经无害化处理，原则上就地生产使用，外来可疑农家肥须检验合格后方可使用。商品有机肥、叶面肥、生物肥等也均应符合相关的肥料要求。

叶面肥的喷施应仔细阅读说明书，注意施用方法、浓度、时间等有关问题。若与农药混合使用，要注意农药和叶面肥的化学性质，混合后是否产生沉淀、变色等现象。叶面肥宜在阴天喷施，或晴天的上午 8~9 时或下午 4 时以后喷施。以茶树叶片正背面喷透、喷匀为宜。喷施后 24 小时内如有下雨，应重喷。喷施 2~3 次为一个施肥单元，每次相隔 3~5 天。

3. 技术模式

针对茶叶化肥施用不尽合理、有机肥用量不足的问题，在对茶叶化肥减量施肥潜力评估基础上，融合测土配方施肥、有机肥替代及水肥一体化等主要技术，在茶园主推"有机肥 + 配方肥""有机肥 + 水肥一体化""茶 + 沼 + 畜"3 种化肥减量增效技术模式，实现茶叶提质、减肥、增效目标。

（1）"有机肥 + 配方肥"化肥减量增效技术

每年 10 月中下旬每亩基施有机肥 300~500 千克，开深 15~20 厘米的条沟施肥或直接撒在茶树行间，结合深耕施用。化肥每亩推荐用量 N 16 千克，N : P_2O_5 : K_2O 施肥比例为 1 : 0.4 : 0.4；全年分 4 次施肥，分别为基肥、春茶开采前追肥、春茶采收后追肥、夏茶采收后追肥；磷肥、钾肥全部作基肥，氮肥施用比例分别为 50%、20%、15%、15%；追肥开浅沟 5~10 厘米埋施，或表施 + 浅旋耕混匀。

（2）"有机肥 + 水肥一体化"化肥减量增效技术

每年 10 月中下旬每亩基施有机肥 300~500 千克，开深 15~20 厘米的条沟施肥或直接撒在茶树行间，结合深耕施用。用水肥一体化设施追肥 5 次，每次每亩施用水溶性肥料按 N、P_2O_5、K_2O 用量 3.0、1.0、1.0 千克，分别在春茶采前、春茶采收后、7 月初、8 月初、9 月初（具体施用量因树龄、产量、气候等因素而定）。

（3）"茶 + 沼 + 畜"化肥减量增效技术

每年 10 月中下旬一般每亩基施经过堆沤腐熟后的沼渣有机肥 1000 千克左右，开深 15~20 厘米的条沟施肥或直接撒在茶树行间，结合深耕施用；经过无害化处理后的沼液，追肥在茶园上使用可喷可浇，追肥 5 次，每次 400~500 千克（按沼水比 1 : 2 稀释），加入尿素 4~5 千克 / 亩，浇灌于茶树根部，分别在春茶采前、春茶采收后、7 月初、8 月初、9 月初（具体施用量因树龄、产量、气候等因素而定），施用时应尽量避开中午高温。

（五）水分管理

所谓茶园水分管理，就是应用栽培手段，改善生态环境中的水分因子，维持茶树体内正常的水分代谢，促进茶树生长发育良好。

水是树体的重要组成部分，同时是一切新陈代谢的介质。土壤含水量在75%左右最适生长。含水量降至40%~50%时，茶树生长极为缓慢，而土壤水分降至30%时，茶叶生长完全停止。据研究，茶树生长适宜的环境水分指标是：土壤含水量为田间最大持水量的60%~90%，空气相对湿度70%~90%，最适指标两者均为75%。在此条件下，茶树水分代谢旺盛，芽叶持嫩性强，生育量大，有利于持续高产优质。

水分管理主要分"给"与"排"两个内容，当水分不足时，可通过喷灌、滴灌或人工浇灌给水；当雨量过多，即将造成积水时，应及时排除。生产上容易造成积水的时期，主要是"梅雨"季节或台风暴雨。秋季是最容易干旱的季节。常年在园间铺草，既可保持水分、缓解旱情，也可缓解大雨冲刷茶园表土。在路边地角建立蓄水沟、池，植树种草，增加植被覆盖度等，以减少水分蒸发，涵养水分；干旱严重，耕层土壤相对含水量降低到70%以下时，茶园应及时引水灌溉，采取滴灌和喷灌较好。

1. 茶园给水

浇灌：浇灌是一种最原始的劳动强度最大的给水方式，但具有水土流失小、节约用水等特点，适宜在幼龄茶园中采用或临时抗旱时局部运用。

流灌：茶园流灌是靠沟、渠、塘、水库或抽水机等组成的流灌系统进行。茶园流灌能做到一次彻底解除土壤干旱，但灌水的有效利用率低，灌溉均匀度差，且易造成水土流失。

喷灌：喷灌是灌溉较为理想的给水方式之一，可有效地避免土壤深层渗漏和

图2-34 茶园喷灌（杨军 供）

地面径流损失，有效利用系数高达 60%~85%，比流灌节水 30%~50%；有利于提高茶叶产量与品质。经济条件许可的地方，应提倡应用这一种灌溉方式。

滴灌：滴灌可避免土壤板结，减少地表径流和地表蒸发量，且有利于茶树根系的吸收，与喷灌相比可节约 2/3 的用水量；同时，有利于提高茶叶的产量与品质。但滴灌技术要求严格，投资也较大。

茶园灌溉具有显著的增产增质增效作用，灌溉方式的选择必须因地制宜，以增效适用为原则。一般来说，平地或缓坡茶园可选择喷灌或滴灌，水源充足、地势平坦或梯式茶园可建设完善流灌系统。

图 2-35　茶园布设灌溉用水管（林芝华　供）

2. 茶园排水

大多丘陵山地茶园，通常不存在土壤积水、湿度过大的问题。一般只需开设好截洪沟、泄洪沟、园内横水沟和蓄水池等，及时排除过量降水，防止水土流失即可。表土层下有不透水层的茶园（红壤地区）、低洼地茶园，由于土壤本身的结构特点或地下水位过高，易发生湿害，要因地制宜地做好排湿工作。排湿的根本方法是开深沟排水，降低地下水位。要科学管水，做到有水能蓄、多水能排、缺水能补，使茶园土壤水分经常保持在茶树生长的适宜范围。

图 2-36　茶园蓄水池建设（杨军　供）

（六）生态茶园林、草的留护与种植

生态茶园林、草的留护与种植有利于形成良好的生态环境，降低茶树遭受恶劣气候和不良因素的影响，促进个体生长发育，提高茶叶产量、质量，增加经济收入，改善劳动条件。其主要工作是在道路两旁、茶行空隙，以及茶园边缘地带营造防风林、经济林、风景林，形成强大的茶园防护体系。在茶园梯壁可种植爬地兰、野玫瑰、知风草等作物，以维护、绿化梯壁，尽量减少茶园地表裸露，减少水土流失。

图 2-37　福安坦洋茶场茶园风貌（游芳宁　供）

茶园合理保留原有林木，或根据要求种植林木。在上风口保留或种植防护林带，在茶园种植地与非茶种植地之间保留或种植隔离林带，防护林和隔离林每 4~6 米种植一株林木。茶园园内道路、沟渠两侧或一侧种植行道树，种植间隔5~8 米。丘陵或低山地茶园，园内空地种植深根系遮阴树，每亩种植 5~8 株，株距 10~12 米，控制遮阴率为 30% 左右。

行道树、防护林、隔离林和遮阴树宜选择适应当地气候的树种，且不发生与茶树共生的病虫害，树种根系不能太发达，以免影响茶树生长；树种类型应有利于促进茶叶优异品质的形成。具体种植间隔可依树种树型、树冠覆盖度及立地条件而定。

茶园园内地表裸露、荒秃的空地和梯壁等地应保留自然植被或种植绿肥，增加茶园地表覆盖率，地表覆盖率要求达 75% 以上；茶行间合理间（套）作绿肥。

图 2-38　茶园山樱花（周世须　供）

1. 间作套种

茶园间作套种的目的是：可固氮，可割青作绿肥，减少水土流失，增加收入。具体方法：1 年生茶园，可选用矮生、匍匐或半匍匐型的绿肥，如大绿豆；3 年生茶园可选用根系浅、株型矮、生长快的绿肥，如乌豇豆、黑毛豆、小绿豆等；4 年生以上茶园可选用伞形、株体高的绿肥，如山毛豆、木豆等。若以保持水土、改良土壤为主要目的，则可选用百喜草、爬地兰、圆叶决明、平托花生、印度豇豆等。套种时间以春播最为适宜，这样夏季可以割青埋入茶园作绿肥，秋季收获种子后枝叶还可再一次当绿肥用。

图 2-39　茶园套种油菜（周世须　供）

2. 行间铺草

行间铺草不仅能够有效地避免土壤水土流失并减缓杂草的生长速度，还能够降低土壤中水分的蒸发情况，进而增强土壤中有机质的含量。铺草材料可以选择稻草、绿肥、农作物秸秆等。从经济性的角度考虑建议选用稻草，从使用效果方面考虑可采用绿肥。

图 2-40　幼龄茶树铺草覆盖（杨军　供）

3. 留草栽培

茶园梯壁种植护壁植物，品种应选匍匐性或矮秆豆科植物，如爬地兰、百喜草等，能提高土壤肥力和保持水土，改善茶园微气候。护壁植物应及时割青利用，壁上生长的其他杂草以割代锄，铺于行间，以减轻因地面径流引发的水土流失。

图 2-41　茶园割草（傅文森　供）

图 2-42 茶园梯壁种草（郝志龙 供）

4. 茶园套作氮磷协同高效大豆和土壤生境优化技术

该技术由福建农林大学廖红教授团队主导。采取茶园套作特选养分高效绿肥作物，合理施用茶树专用有机肥等生境优化技术，有效提高茶园养分效率、改善茶叶品质、稳定茶叶产量；同时，提升茶园土壤健康、优化茶园生态环境、减少茶树病虫害发生，实现茶叶优质、高效、绿色生态循环生产模式。

夏冬两季在茶园中套作特选的、适应酸性土壤的养分高效绿肥作物，秋季沟施茶树专用有机肥等。具体来说，春茶采收后，在茶行中穴播接种高效固氮根瘤菌的大豆，每亩播种约 1 千克；9~10 月，大豆压青还田。10~11 月，每亩沟施约50 千克茶树专用有机肥后，撒播油菜，每亩播种约 0.2 千克；次年 3~4 月油菜压青还田。绿肥品种按适应性及固氮、释磷、解钾能力等综合筛选。

具体操作可参考附件：福建省地方标准 DB35/T 1977—2021《改良茶园土壤用大豆种植规范》。

三、生态茶园病虫害管理技术

近年来，随着气候、生态、茶园种植及管理的方向变化，茶叶病虫害的趋势也发生变化。病害从成熟叶、老叶向芽叶发展，常见如茶白星病、茶饼病等。虫害从大型害虫向小型害虫变化，吸汁性、食叶性不同程度增多，如叶蝉类、粉虱类、毒蛾类、尺蠖等。

（一）茶园常见病虫害及防治措施

1. 小贯小绿叶蝉

茶园有多种叶蝉类害虫，其中以茶小绿叶蝉最为重要，其他在福建未见严重为害。茶小绿叶蝉在我国茶区普遍发生，是茶园中为害最为严重的一种害虫，主要为害茶树嫩梢，被害茶树嫩梢萎缩硬化，叶缘、叶尖呈黑褐色枯焦状，全年发生代数多，江南茶区9~11代，华南茶区可达12~17代，以成虫在茶园或杂草上越冬，华南茶区越冬现象明显。

（1）识别要点

成虫、若虫均刺吸芽梢嫩叶，受害芽叶沿叶缘黄化，叶脉红暗，叶片卷曲，叶质粗老，以致自叶尖叶缘红褐，进而焦枯，芽叶萎缩，生长停滞，严重影响茶叶产量和品质。在测报上，随着为害程度的加重呈现湿润期、红脉期、焦边期、枯焦期为害状。

成虫和若虫均怕湿畏强光，阴雨天气或晨露未干时静伏不动。一天内于晨露干后活动逐渐增强，中午烈日直射，活动暂时减弱并向丛内转移，徒长枝芽叶上虫口较多。若虫蜕下的皮壳即留在叶背。卵散产于芽梢组织内。成虫淡绿至淡黄绿色，头冠中域大多有两个绿色斑点，头前缘有1对绿色圈（假单眼），复眼灰褐色。

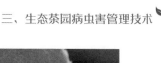

图 3-1　小贯小绿叶蝉成虫

图 3-2　小贯小绿叶蝉若虫

图 3-3　小贯小绿叶蝉停留叶片上

图 3-4　小贯小绿叶蝉为害状

图 3-5　小贯小绿叶蝉大面积为害状

（2）防治技术

农艺防治：加强茶园管理，清除园间杂草，及时分批多次采摘，可减少虫卵并恶化其营养条件和繁殖场所，减轻为害；做好冬季清园封园工作，消灭越冬虫源。

物理防治：①利用黄板诱杀。根据小贯小绿叶蝉的趋黄性，在茶园中悬挂诱虫黄板，当该虫跳跃撞击黄板时，黄板上的胶即将其粘住致死，从而达到诱杀的目的。根据试验，每亩茶园用黄板 25~30 张（规格 20 厘米 ×30 厘米），就能较好地控制该虫的为害，黄板顶部悬挂高度与茶树顶梢齐平为宜。②用频振式杀虫灯诱杀。频振式杀虫灯在山地茶园上对该虫诱杀效果突出，在害虫发生期，每5~10亩用灯1盏，就能显著降低该虫为害。针对小贯小绿叶蝉只能短距离跳跃这一特点，挂灯的高度以高出茶树顶梢30~40厘米为宜。

农药防治：①化学农药防治。应用具有触杀性的高效低毒农药进行防治，如15%茚虫威悬浮剂2500~3000倍液（安全间隔期14天）、15%虫螨腈悬浮剂2000~3000倍液（安全间隔期10天）、2.5%高效氯氟氰菊酯乳油6000~8000倍液（安全间隔期5天）、10%氯氰菊酯乳油6000倍液（安全间隔期3天）、2.5%溴氰菊酯乳油6000倍液（安全间隔期5天）、2.5%联苯菊酯乳油3000倍液（安全间隔期6~7天）等，上述农药可任选一种在小贯小绿叶蝉发生高峰期前、若虫占80%时使用，可收到较好效果。②植物源农药防治。使用植物源农药必须在害虫若虫低龄期适时施用，要体现早和快。生产上常用的苦参碱是由苦参的根提取，对害虫具触杀和胃毒作用，以0.6%苦参碱水剂1000~1500倍液（安全间隔期7天）防治小贯小绿叶蝉。最好在阴天16：00或傍晚喷药，24小时内喷施2次防治效果最佳。苦参碱药效较缓慢，应提前3~5天施用。在低龄若虫盛期用药，可采用较低浓度，在虫龄偏高时，应以高浓度为好，以保证防治效果。

2. 黑刺粉虱

福建茶园粉虱类主要是黑刺粉虱，茶白粉虱常伴随发生，但发生量较小，闽北茶区偶见柑橘粉虱。全年发生4代左右，以幼若虫在茶树叶背越冬。

（1）识别要点

黑刺粉虱以若虫群集在寄主的叶片背面吸食汁液，叶片因营养不良而发黄、提早脱落。该虫的排泄物能诱发煤污病，使枝、叶、果受到污染，导致枝枯叶落，严重影响茶叶产量和质量。其残留在叶背的蛹壳成为各种螨类的安全越冬场所。成虫常停栖在

图 3-6　黑刺粉虱

芽叶上或叶背面。卵多产在茶丛中下层叶背，散产或密集成圆弧形。

成虫腹部橙黄色，薄覆白粉，前翅褐紫色，有 7 个白斑，后翅淡紫褐色。卵弯曲成香蕉形或茄形，初产时为乳白色，后逐渐变为淡黄色、橙红色，孵化前变为棕褐色或紫褐色。通过一卵柄附着在叶片上。

（2）防治技术

农艺防治：加强茶园管理。采取增施有机肥、配合施用磷钾肥，结合修剪、疏枝、中耕除草，改善茶园通风透光条件，增强树势，提高抗虫能力，减轻黑刺粉虱为害程度。冬季修剪后可喷洒 0.5 波美度的石硫合剂封园。

物理防治：利用黑刺粉虱成虫有较强的趋黄性，在成虫期采用黄板诱集法诱杀。在黑刺粉虱成虫羽化之前，于发生黑刺粉虱的茶蓬上方约 10 厘米处，每亩茶园悬挂粘虫板 20~25 片（规格 25 厘米 ×40 厘米），诱杀成虫可取得良好的效果。

农药防治：防治适期是卵和一龄若虫盛发期，重点在第一、四代，挑治二、三代。超过防治指标时，应考虑进行化学防治。药剂可选用 15% 虫螨腈悬浮剂 2000~3000 倍液（安全间隔期 10 天）、10% 联苯菊酯乳油 5000 倍液（安全间隔期 6~7 天）、1.2% 苦参碱水剂 500~1000 倍液（安全间隔期 7 天）。

3. 茶橙瘿螨

（1）识别要点

成螨、若螨刺吸危害茶树芽梢和成叶，致叶片失绿、叶脉红褐、叶面变暗无光泽，叶背多褐色细纹锈斑，远视一片铜红如火烧，严重影响茶叶产量和品质。卵散产，产于嫩叶叶背，且以叶脉两侧凹陷处为多。幼螨孵出即在叶背栖息吸食，蜕皮 2 次经若螨变为成螨。茶橙瘿螨在茶树上以茶丛上部最多，一般嫩叶螨口多于成叶、老叶，大多数栖于叶背。越冬螨口多集中在上部老叶，春茶萌发后渐向新梢转移，茶橙瘿螨在田间早春呈高度聚集分布，呈现发虫中心，夏季则随螨量增大渐趋扩散。

螨体微小，成螨黄色或橙黄色，近圆锥形，状如胡萝卜。卵球形，半透明，有光泽，近孵化前色混浊。幼螨与若螨形同成螨，初孵化时乳白色，后淡黄或浅橙黄色。

（2）防治技术

农艺防治：选用抗性品种，冬季或春前修剪，可压低螨口基数，有助于推迟

图 3-7 茶橙瘿螨成虫（橙色）

图 3-8 茶橙瘿螨为害状

或削弱第一发生高峰；及时分批勤采，恶化害螨食源，有利于控制螨口数量。如在杭州龙井茶区，茶园采摘早、采得勤，致使第一高峰不明显，甚至不出现。茶园土壤施氮或喷施含氮叶面肥，对茶橙瘿螨的繁殖力有强烈的抑制作用，可减轻茶园螨害。干旱时喷灌，利用喷灌水的冲力，可冲掉叶片上附着的 95.4%~99.4% 的茶橙瘿螨，起到防治作用。

农药防治：①化学农药防治。加强田间调查，掌握在害螨点片发生阶段或发生高峰出现前及时喷药防治。防治指标：中小叶种茶树平均每叶螨口为 17~22 头，或叶面上螨口密度为 3~4 头 / 厘米 ^{2}，或螨情指数为 6~8。在茶树生长季节，药剂可选用 99% 矿物油乳油 100~150 倍液（安全间隔期 7 天）、10% 虫螨腈悬浮剂 2000~3000 倍液（安全间隔期 7 天），药液喷洒至茶蓬上部叶片背面，注意农药的轮用、混用。秋茶采摘后用 45% 石硫合剂晶体 150~200 倍液（采摘茶园不宜使用）喷雾清园，可压低越冬螨口基数，减轻翌年螨害的发生。②生物防治。按每亩人工释放 6 万 ~8 万头胡瓜钝绥螨防治茶橙瘿螨，持续 50 天的结果表明，防效达 81.40%。

4. 尺蠖类

尺蠖类属于尺蠖蛾科，是茶园一类重要的害虫，一些种类发生严重且普遍。

尺蠖类一般食性杂，林木较多的茶区发生种类较多，常有多种混合发生，一般取食芽叶，茶尺蠖、油桐尺蠖、灰茶尺蠖、茶用克尺蠖等发生严重时也可取食老叶，甚至啃食树皮，致茶园光秃，茶树枯死。

（1）识别要点

茶尺蠖：以幼虫咬食叶片为害。幼虫主要取食嫩叶和成叶，大发生时可将茶树老叶、新梢、嫩皮、幼果全部食光。一龄幼虫常在该卵块附近的茶丛上为害，形成发虫中心，咬食芽叶的上表皮和叶肉，使叶面呈褐色点状凹斑。二龄幼虫开始自边缘向内咬食嫩叶成 C 形缺刻。幼虫有腹足 2 对，爬行时拱背，以曲求伸，俗称那虫、曲曲虫、步曲虫，又以尾足攀着枝干，体躯离枝，形似一枯枝，俗称假枝虫。

成虫全体灰白色，翅面疏被黑褐色鳞片，前翅有黑褐色鳞片组成的内横线、外横线、亚外缘线和外缘线各 1 条，弯曲成波状纹，其中以外横线最为明显；外缘和后缘缘毛灰白色。后翅稍短，有 2 条横线。前、后翅外缘处分别有 7 个和 5 个小黑点。

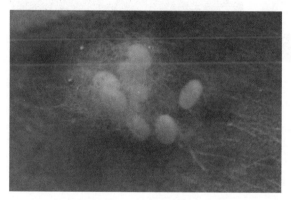

图 3-9　茶尺蠖卵

图 3-10　茶尺蠖成虫

灰茶尺蠖：成虫体、翅褐色，前、后翅均有三四条不规则略平行的褐色波状横纹，翅底灰褐色并有一深褐色长点。雄蛾色较深，腹末有一束绒毛。卵椭圆形，淡绿色渐转褐色，有方格纹。

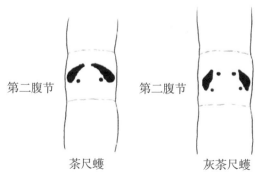

第二腹节　　　　　　　第二腹节

茶尺蠖　　　　　　　灰茶尺蠖

图 3-11　茶尺蠖和灰茶尺蠖幼虫鉴别特征模式图

（2）防治技术

尺蠖类发生代数较多，发生不整齐，为害期又常与茶叶采摘期相吻合，因此应采取综合防治措施。

图 3-12　茶尺蠖为害状

图 3-13　茶尺蠖大面积为害

农艺防治：①深耕灭蛹。结合秋冬季深耕施基肥，消灭茶尺蠖越冬蛹。深耕除对虫蛹有机械损伤外，还能将蛹深埋土中，使成虫不能羽化出土。同时，翻出土面的虫蛹易受冻而死或被天敌消灭。耕作深度需达 15 厘米以上，特别是茶丛树冠下的表土。经试验，秋冬季深耕的茶园与不深耕的茶园相比，翌年虫口密度要低 37% 左右。②人工捕捉。在茶尺蠖发生严重的茶园，于各代蛹期（尤其是越冬蛹）进行人工挖蛹；根据幼虫受惊后有吐丝下垂的习性，在幼虫期振动茶树，在茶树下方用土箕或塑料薄膜接收后集中杀灭；或将鸡放养在茶园内，让鸡啄食幼虫和蛹。

农药防治：①生物防治。在春、秋季可喷洒茶尺蠖核型多角体病毒（安全间隔期 3 天），每亩 100 亿~200 亿多角体（或 30~50 头虫尸量）。②专用性信息素。在田间设置性诱捕器，根据具体情况，用茶尺蠖或灰茶尺蠖性信息素或未交尾的雌蛾诱杀雄蛾。③化学农药防治。根据茶尺蠖第一、二代发生较整齐以及一至二龄幼虫耐药性弱的特点做好调查和预测，尽量在第一、二代低龄虫期时进行喷药防治，这是全年的防治关键。茶尺蠖的防治指标为每亩 4500 头，在达到防治指标需进行化学防治的茶园，采取挑治发虫中心，丛面喷射、低容量喷雾等方法，可以节约农药、用工，降低防治成本。在阴天或晴天的早晚喷药可以提高防治效果。药剂可选用 10% 氯菊酯乳油（安全间隔期 3 天）、2.5% 溴氰菊酯乳油（安全间隔期 5 天）、2.5% 高效氯氟氰菊酯乳油（安全间隔期 5 天）6000~8000 倍液，2.5% 联苯菊酯乳油 3000~6000 倍液（安全间隔期 6 天），15% 茚虫威乳油 2500~3500 倍液（安全间隔期 14 天）。

5. 茶丽纹象甲

（1）识别要点

成虫喜食幼嫩叶片，咀食叶片形成不规则弧形缺刻。成虫具假死习性，稍受惊动就坠地假死，片刻后又爬上茶树活动。卵多散产于根际附近地面 10 厘米之内的表土中或地面枯叶下，也偶有数粒产在一起的。幼虫孵化后在土中生活，随虫龄增大逐渐向深土转移，取食腐殖质和须根。

成虫灰黑色，具黄绿色鳞斑和条纹，稍具金属光泽；腹面散生黄绿或绿色鳞毛。前胸背脊两侧各有黄绿色阔带 2 条。鞘翅多黄绿色纵带断截，中部横向形成黑色带。卵椭圆形，初产时乳白色，孵化前暗灰色。

幼虫淡黄色，头圆，体肥多皱褶，乳白至乳黄色，无足，弯曲呈 C 形。各体节着生黄白色细毛。土茧椭圆形，蛹为裸蛹，淡黄白色，羽化前转黑褐色。

图 3-14 茶丽纹象甲土壤中孵化幼虫

图 3-15 茶丽纹象甲成虫

图 3-16 茶丽纹象甲为害状

（2）防治技术

农艺防治：①深翻除虫。茶丽纹象甲的卵期、幼虫期和蛹期均在土中，长达300天，翻耕可以使土中幼虫、蛹受机械损伤、暴露于地面而受冻或被天敌捕食从而降低虫口基数。因此，在冬、春季翻动茶丛下的表土，清除枯枝落叶，夏季翻耕茶园土壤，秋、冬季或早春结合中耕施基肥，对土中茶丽纹象甲有明显的杀伤力。同时翻耕改变了生态环境，不利其生存。②人工捕杀。在成虫盛发期利用成虫受惊动后坠地假死习性，在茶树下用塑料薄膜或土箕承接，振落捕杀。但此法费时费力，不适合大面积推广。

化学防治：以每平方米虫量在15头以上为防治指标，于成虫始盛期喷施2.5%联苯菊酯乳油750~1000倍液（安全间隔期6~7天）。

6. 毒蛾类

常见为害茶树的毒蛾种类近10种，最常见为茶黄毒蛾（茶毛虫）和茶黑毒蛾。其幼虫具有暴食性，危害性大，多具毒毛，前者各个虫态的毒毛、毒丝能使人体严重过敏，影响农事活动，常致全园叶片取食殆尽，严重影响树势。

（1）识别要点

茶黄毒蛾（茶毛虫）：卵产于茶丛中下部老叶背面，呈块状，覆以黄色绒毛。幼虫体呈黄色至黄褐色，成长幼虫体侧渐现1条白色纵线，体背渐现黑色毛疣。

幼虫孵化后群集在老叶背面，先取食卵壳，然后取食叶片，咬食下表皮和叶肉，留上表皮呈黄绿色至淡黄褐色半透明薄膜状。三龄后从叶缘向内咬食叶片成缺刻，或全叶食去，仅留叶柄，猖獗时可将嫩枝皮、花蕾及幼果食尽。

图 3-17 茶黄毒蛾低龄幼虫及为害状

图 3-18 茶黄毒蛾幼虫成群

图 3-19 茶黄毒蛾虫群及为害状

图 3-20 茶黄毒蛾成虫

茶黑毒蛾：卵产于茶丛基部老叶背面或附近杂草上，单层整齐排列成块状，无覆盖物。成长幼虫棕褐色，1~4 节腹背毛丛直立成刷状。

初孵幼虫不甚活动，呈放射状停留在卵块周围取食卵壳，把卵壳吃去大半，约经 1 天后，成群迁移至中下部老叶背面，开始取食下表皮和叶肉，留上表皮呈半透明薄膜状，形成黄褐色网膜枯斑；

图 3-21 茶黑毒蛾及为害状

二龄期分散到茶丛上部，咬食叶片成缺刻或孔洞；四至五龄时分散活动为害。

（2）防治技术

寄生蜂是制约毒蛾类发生量的重要生物因子，病毒和细菌能高效抑制茶黄毒蛾的种群生长，细菌和白僵菌对茶黑毒蛾常有较高的自然寄生率。

农艺防治：①中耕灭蛹。幼虫多在茶树根际的落叶、杂草及土块缝隙中结茧化蛹。在化蛹盛末期中耕除草可伤、灭虫蛹，将枯枝落叶耙出带离茶园效果更好。②人工捕杀。生产季节，于幼虫一至三龄期摘除有虫叶片；在盛蛹期进行中耕培土，在根际培土 6~7 厘米，以阻止成虫羽化出土；成虫喜在 16：00 前后羽化，此时多伏于茶丛或行间不活动，可人工踩杀。

物理防治：成虫具有趋光性，可在各代成虫发生期，每晚 19：00~23：00 用黑光灯或电灯诱杀成虫。也可在田间设置性诱捕器，用性诱剂或未交尾的雌蛾诱杀雄蛾。

农药防治：①化学防治。在幼虫四龄前选用 15% 茚虫威乳油 2500~3500 倍液（安全间隔期 14 天）、15% 溴虫腈悬浮剂 2000~3000 倍液（安全间隔期 10 天）、10% 醚菊酯乳油 2000 倍液（安全间隔期 10 天），或 10% 氯氰菊酯乳油、2.5% 氯氟氰菊酯乳油、10% 联苯菊酯乳油 3000~5000 倍液（安全间隔期 7 天）。②生物防治。防治时期掌握在幼虫四龄前，建议在幼龄幼虫期用 100 亿活孢子 / 克苏云金杆菌水剂喷雾，茶毛虫也可用 100 亿 PIB/ 毫升茶毛虫核型多角体病毒水剂，选择无风的阴天或雨后初晴时进行喷雾防治。用 1 亿孢子 / 毫升白僵菌亦有良好效果。

7. 茶饼病

（1）识别要点

茶饼病主要为害茶树幼嫩组织，从幼芽、嫩叶、嫩梢、叶柄、花蕾到幼果均可受害，但以嫩叶嫩梢受害最重。茶饼病叶部症状大多表现为正面平滑光亮，下陷，而背面隆起，偶尔也有在叶正面呈饼状突起的病斑，叶背面下陷；叶片上病斑多时可相互愈合为不规则的大斑；叶缘、叶脉感病后使叶片扭曲对折，感病嫩叶均呈畸形。后期病斑上白粉消失或者不明显，病斑逐渐干缩，呈褐色枯斑，但病斑边缘仍为灰白色环状，病叶逐渐凋萎以至脱落。嫩芽、叶柄、花蕾、嫩茎、幼果被害，一般病部均表现为轻微肿胀，重的呈肿瘤状，有白粉状物，后期病部逐渐变为暗褐色溃疡斑。嫩茎上常呈鹅颈状弯曲肿大，受害部易折或者造成上部芽梢枯死。

图 3-22　茶饼病（发病初期）

图 3-23　茶饼病感嫩染茎

图 3-24　茶饼病叶片背面隆起

图 3-25　茶饼病正面观

（2）防治技术

农艺防治：①加强栽培管理。勤除杂草，砍伐遮阴树，清除茶园及其周围的野生灌木，使之通风透光；适当增施钾肥，以增强树势，减轻发病。②避病预防。选择修剪时期，使复壮后抽出的新梢在病害流行期已达 1 个月以上叶龄，或使新梢抽生时避过病害发生期。③清除病源。分批多次采摘，尽量少留嫩叶在茶树上，以减少侵染机会；复垦荒芜茶园，清除越夏茶树上的病叶，以减少侵染源。

农药防治：在发病初期，连续 5 天中有 3 天上午的平均日照时间 ≤ 3 小时，或 5 天日降水量在 2.5~5 毫米以上时，应立即喷药。喷洒 2% 多抗霉素可湿性粉剂 100 毫克 / 千克，或 0.6%~0.7% 石灰半量式波尔多液、0.2%~0.5% 硫酸铜液等铜素杀菌剂，于春茶前及每个茶季各喷药 1 次，进行预防。尤其对修剪及台刈后的茶树，更应注意喷药保护，以防止抽出的新梢遭受侵害。由于铜素杀菌剂在茶叶上的铜残留量高，对茶叶品质影响大，因此，不宜在采茶期使用，应在非采摘茶园中使用。

8. 茶炭疽病

（1）识别要点

茶炭疽病主要为害茶树已展开的成长叶片，新梢上偶有发生。最初在叶尖或叶缘产生水渍状暗绿色病斑，迎着光看病斑呈半透明状，后水渍状逐渐扩大，仅边缘半透明，且范围逐渐减小，直至消失。病斑沿着叶脉扩展成半圆形或不规则形，病斑颜色由开始的焦黄色变成黄褐色至红褐色，最后变为灰白色。病斑边缘有黄褐色隆起线，与叶片健部分界明显。成形的病斑常以叶脉为界，受主脉限制，病斑常表现为半叶病斑。发病后期病斑正面密生许多黑色细小突起的粒点，病斑上无轮纹。病斑部分较薄而脆，容易破裂，病叶最终脱落。

图 3-26　茶炭疽病

图 3-27　茶炭疽病（大面积）

（2）防治技术

农艺防治：①加强肥培管理。加强茶园栽培管理，增施有机肥和适量钾肥，勿偏施氮肥；雨季抓好防涝排水；秋冬季进行清园，扫除并烧毁地面的枯枝落叶和杂草，减少越冬病原。②台刈更新，更换品种。对连年严重发病的老茶园，可在春茶后采取台刈更新的办法来防治。将台刈下来的枯枝和地面落叶清出茶园并烧毁。台刈后的茶园要施足基肥，这样可有效防治病害。茶树炭疽病的发生在品种间的差异很大，因此在炭疽病发生严重的地区应种植抗病品种。

农药防治：使用药剂防治茶炭疽病宜早，最好在夏、秋茶萌芽期或发生初期进行喷药。也可在病害发生期（6 月上旬和 9 月）喷洒 75% 百菌清可湿性粉剂1000 倍液（安全间隔期 10 天）。在我国秋季是茶树炭疽病发病主要季节，因此在夏茶干旱期结束后至秋季雨季开始前的喷药防治至关重要。在发生严重的地区，喷药后 7~10 天最好再喷药 1 次，全年喷药 2~3 次，可以控制病害的发展。

9. 茶煤病

（1）识别要点

茶煤病发病初始，叶片表面发生近圆形或不规则黑色烟煤状物，后渐扩大布满全叶，并由叶部蔓延至小枝及茎秆上，病株各部表面覆有一层烟煤状物，故名茶煤病。茶煤病的病原种类多，不同种类的病原所形成的霉层的颜色深浅、厚度及紧密度不同。茶煤病的发生常与黑刺粉虱、介壳虫或蚜虫的严重发生密切相关。

图 3-28　茶煤病（局部）

图 3-29　茶煤病（局部）

图 3-30　茶煤病

病部手摸有黏质感，为刺吸式害虫分泌的蜜露。

（2）防治技术

农艺防治：①加强茶园管理。适当修剪，以利通风，增强树势，可减轻病虫害的发生。茶煤病发生严重的，应以重修剪为宜，剪下的病虫枝叶带出茶园并妥善处理，剪后再用 77% 氢氧化铜可湿性粉剂 500 倍液防治。②冬季清园。秋末冬初清园，并用 0.5 波美度石硫合剂封园，同时兼治介壳虫、粉虱，是防治茶煤病最为有效的办法。

农药防治：①加强茶园害虫防治。控制粉虱、介壳虫和蚜虫，是预防茶煤病的根本措施。根据诱发茶煤病害虫的种类及其防治适期及时合理进行防治，在采茶季节可选用虫螨腈喷雾防治，在非采茶季节可用石硫合剂喷雾封园防治。②茶煤病发生初期，可喷洒 0.6%~0.7% 石灰半量式波尔多液。

10. 茶轮斑病

（1）识别要点

茶轮斑病主要发生于当年生的成叶或老叶上，也可为害嫩叶和新梢。病害常从叶尖或者叶缘开始，逐渐向其他部位扩展。发病初期病斑黄褐色，然后变为褐色，最后呈褐色、灰白色相间的半圆形、圆形或者不规则的病斑。病斑上常呈现有较明显的同心轮纹，边缘有一个褐色的晕圈，病健分界明显。病斑正面轮生或者散生许多黑色小点。如果发生在幼嫩芽叶上，自叶尖向叶缘逐渐变为褐色，病斑不规则，严重时芽叶呈枯焦状，上面散生许多扁平状黑色小点。新梢发病，常在基部先生暗褐色小斑，以后上下扩展，上生黑色小点。茎渐弯曲，病部以上茎叶呈红紫色，然后萎凋枯死。

图 3-31 茶轮斑病

图 3-32 茶轮斑病（大面积）

（2）防治技术

农艺防治：加强茶园管理，防止捋采或者强采，减少伤口。咀嚼式口器害虫取食后造成的伤口也是病菌侵入的途径，因此防治害虫是预防茶轮斑病的重要措施。在夏季高温干旱季节出现日灼伤后，导致生长活力减弱的叶片组织在遇雨后往往是病原菌侵染的良好场所，应喷药保护。加强肥培管理、建立良好的排灌系统可使茶树生长健壮，从而增强抗病能力，减轻发病程度。此外，应选种适合当地的抗病品种。

农药防治：在春茶结束后（5月中下旬）和修剪后喷施杀菌剂，可用75%百菌清可湿性粉剂600倍液（安全间隔期10天）。扦插苗圃在高温高湿季节、温室苗圃都应及早喷药防治，以防出现茎腐症状。

11. 茶白星病

（1）识别要点

茶白星病主要为害嫩叶、嫩芽、嫩茎及叶柄，以嫩叶为主。嫩叶染病初生针尖大小的褐色小点，后逐渐扩展成直径0.5~2.0毫米的圆形小斑，中间红褐色，边缘有暗褐色稍微突起的线纹，病健分界明显。成熟病斑中央呈灰白色，中间凹陷，边缘具暗褐色至紫褐色隆起线，其上散生黑色小点。嫩茎和叶柄发病，初呈暗褐色，后呈灰白色，病部亦生黑色小粒点，病梢节间长度明显短缩，百芽重减少，对夹叶增多。严重发生时引起茶树嫩梢芽叶畸形，生长停滞。病情严重时蔓延至全梢，形成枯梢。

（2）防治技术

农艺防治：加强茶园肥培管理，增施磷、钾肥，促进树势生长健壮。茶季分批及时合理采摘，可减少再侵染概率。

农药防治：在春茶萌芽期（3月下旬至4月初），当嫩叶发病率达6%时，进行喷药防治，可用75%百菌清可湿性粉剂800倍液（安全间隔期10~14天）。由于茶白星病的潜育期短，侵染次数多，因此，在发生严重的地区提倡早治，在春茶萌芽鱼叶展叶期进行第一次喷药。第一次喷药后，间隔7~10天需再喷1次，全年共喷2~3次，病情可得到控制。非采摘茶园还可用

图3-33　茶白星病正面观

0.6%~0.7%石灰半量式波尔多液进行防治。

图 3-34　茶白星病（局部）

图 3-35　茶白星病为害状

（二）茶树害虫绿色防控方案

遵循"预防为主，综合治理"方针，从茶园整个生态系统出发，综合运用各种防治措施，创造不利于病虫草等有害生物滋生和有利于各类天敌繁衍的环境条件，保持茶园生态系统的平衡和生物的多样性，将有害生物控制在允许的经济阈值以下，将农药残留降低到规定标准的范围。

1. 主推技术

（1）茶树害虫性诱剂

昆虫性信息素是昆虫间交流的信息物质。雄虫利用雌虫释放的性信息素寻找雌虫，进而达到交配的目的。利用昆虫性信息素防治害虫已成为害虫无公害防治的重要组成部分，具有灵敏度高、防治效果好、使用方便、不污染环境、不杀伤天敌及价格低廉等特点，目前国内外已有大量成功的实例。日本已利用性信息素成功防治了茶小卷叶蛾，其效果与化学防治相仿，但成本低于化学防治。

灰茶尺蠖是我国茶区发生最为严重的鳞翅目害虫，其外形与茶尺蠖极其相似。中国农业科学院茶叶研究所陈宗懋院士团队成功鉴定出灰茶尺蠖性信息素，并在此基础上研发出灰茶尺蠖性信息素诱芯。全国茶区 8 个代表性区域进行的对比试验显示，中国农业科学院茶叶研究所研制的灰茶尺蠖性信息素诱芯效果是市面上三种类似性信息素产品的 4 倍至上百倍。

除灰茶尺蠖性信息素诱芯外，陈宗懋院士团队还在研发茶尺蠖、茶毛虫、茶

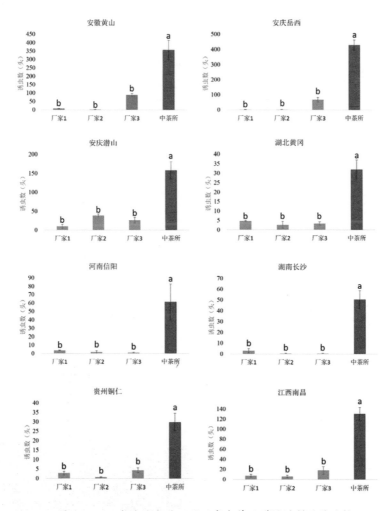

图 3-36　8 个试验点的不同厂家灰茶尺蠖性诱剂效果比较

小卷叶蛾、茶细蛾和斜纹夜蛾等茶树害虫的性信息素诱芯。性信息素防治技术可为化学农药提供重要补充，在茶树害虫的绿色防控中发挥重要作用。

（2）天敌友好型 LED 杀虫灯

当前我国茶园普遍采用频振式电网型杀虫灯，此类杀虫灯安装简便，应用范围广，多年来在多种作物上用

图 3-37　灰茶尺蠖性诱剂引诱效果（中茶所诱芯 24 小时效果）

于害虫监测和防治。随着现代农业植保技术的发展，高效精准和环境友好已成为未来茶产业害虫无公害防治策略的必然趋势，在此要求下频振式电网型杀虫灯在茶园中应用已逐渐暴露出多种缺陷，因此茶园杀虫灯需要进行升级或替代。

中国农业科学院茶叶研究所质量安全中心于2014~2016年系统研究了茶园中主要害虫和优势天敌昆虫的趋光特征，以此为基础研发出针对茶园主要害虫的天敌友好型LED诱虫光源；并通过茶园害虫诱杀试验分析不同杀虫设备对茶园主要害虫的致死效果，最终筛选并设计出针对茶园主要害虫的具有天敌友好型LED杀虫灯。

2015年和2016年天敌友好型LED杀虫灯已在全国多个茶区进行了茶园诱虫调查试验，相较于频振式电网型杀虫灯，天敌友好型LED杀虫灯具有两个显著的优点。

①精确高效。天敌友好型LED杀虫灯的诱虫光源主要针对茶园主要害虫，而频振式杀虫灯的诱虫光源具有广谱性，会引诱大量的非目标害虫；LED杀虫灯显著提高了茶园主要害虫的诱捕量，相较于频振式杀虫灯，2015年茶园主要害虫的诱杀数量提高了87.41%，2016年提高了316.82%；LED杀虫灯采用风吸式杀虫设备，极显著地提高了茶小绿叶蝉的诱杀数量，2015年提高140.84%，2016年提高了1682.41%。

图3-38　天敌友好型LED杀虫灯外观

②环境友好。天敌友好型LED杀虫灯能够显著降低天敌昆虫的诱捕量，保护茶园生态平衡，相较于频振式杀虫灯，2015年茶园优势天敌的诱杀数量降低了49.6%，2016年降低了40.15%。此外，LED发光材料高效节能、寿命较长且对环境无污染，而频振灯属于汞灯类光源，寿命相对较短，并且近年来光污染问题备受关注，目前欧洲已采取措施逐渐取代汞灯类光源使之退出市场。

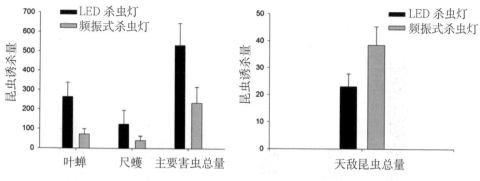

图 3-39　天敌友好型 LED 杀虫灯和常规频振式杀虫灯效果比对

（3）茶小绿叶蝉环境友好型色板

粘虫色板是茶园中常用的害虫无公害防治手段，但长期以来市场上茶园粘虫色板产品无统一的颜色描述方式、颜色多样、无靶标针对性，各种产品诱杀效果参差不齐，并且对生态环境造成的负面影响较大。中国农业科学院茶叶研究所质量安全中心利用 RGB 模式将色板颜色参数化，再通过正交试验筛选出目标害虫的最佳诱捕色，再采用双色交叉形式设计基板颜色，最后再使用可降解材料制成针对茶小绿叶蝉等害虫的环境友好型粘虫色板。相较于市场上购置的茶园粘虫色板，茶小绿叶蝉环境友好型色板的诱杀效果提高了 30%~50%，同时天敌诱杀量下降了 30%~45%。该成果改变了市场上色板产品颜色混乱的现象，减少了天敌昆虫的诱捕量并能够快速降解，实现了茶园粘虫色板产品的参数化、规范化、高效化和环境友好。

图 3-40　茶小绿叶蝉环境友好型色板产品

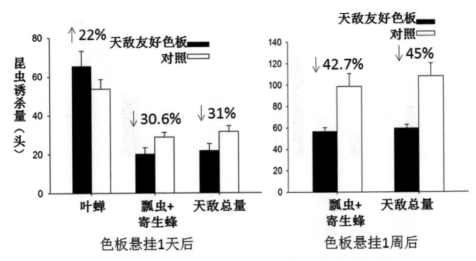

图 3-41　茶小绿叶蝉环境友好型色板和数字化色板效果比对

（4）水溶性农药速测卡

新烟碱类农药吡虫啉、啶虫脒残留超标是影响我国茶叶出口的重要因素。由于此类农药具有较高的水溶性，通过冲泡方式易在茶汤中形成农药残留，引起饮茶安全。针对茶叶中吡虫啉、啶虫脒残留问题，中国农业科学院茶叶研究所质量安全中心与浙江大学农药与环境毒理研究所合作研发水溶性农药速测卡产品——吡虫啉—啶虫脒残留双联速测卡。该产品利用竞争性金免疫层析法的原理，通过显色可快速判断干茶、鲜叶中是否有农药残留超过欧盟或中国标准，鲜叶和干茶中的检测灵敏度为 0.005 毫克 / 升，可用于市场抽查、茶叶收购、企业出口等。通过向茶叶产业技术体系 14 家试验站推广 1000 多张速测卡，抽检绿茶、红茶、鲜叶等共计 133 个样品，速测结果与仪器检测结果比对，吡虫啉和啶虫脒的速测准确率分别达到 93.0% 和 93.9%。

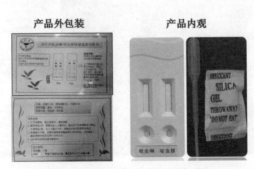

图 3-42　水溶性农药速测卡产品

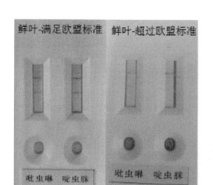
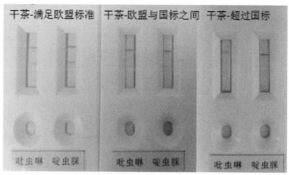

图 3-43 依据不同检测目的速测卡显色示意图

（5）"以虫治虫""以螨治螨"等技术

利用自然界中生物链生态平衡关系，释放人工饲养携菌捕食螨、赤眼蜂、异色瓢虫防治茶园中茶小绿叶蝉、茶橙瘿螨、红蜘蛛、茶黄螨、茶蚜、茶尺蠖、茶毛虫等茶园害虫，实施"以虫治虫""以螨治螨""以螨治虫""以螨携菌治虫"生物防治技术，建立茶园动植物生态平衡系统，减少或逐步替代化学农药使用，确保茶叶质量安全和生态环境安全，促进和实现茶产业绿色可持续发展。

图 3-44 无人机实现"以螨携菌治虫"

图 3-45 田间悬挂释放异色瓢虫

2. 具体操作方法

（1）白僵菌

白僵菌拌土、米糠或麦皮，在茶丽纹象甲蛹期（3~4月）以1~2千克/亩的用量，撒施到茶行。

（2）LED 杀虫灯

以 20 亩 / 台的密度在茶园安装，光源距茶树顶部 40 厘米；3~4 月安装完毕后开启，直至 11 月初关闭。

图 3-46　物理防控：杀虫灯（周世须　供）

（3）天敌友好型色板

剪后挂板，以高于茶丛 0~20 厘米的高度，20~25 块 / 亩的密度悬挂。

图 3-47　天敌友好型粘虫板（周世须　供）

（4）灰茶尺蠖 / 茶毛虫性诱剂

①将四个塑料挂钩向内安装到诱捕器四个角上，中间孔洞插入一个诱芯固定装置，并旋转 90°卡紧。

②将性信息素诱芯橡皮头安装在诱芯固定装置上。

③将诱虫粘板撕开，安装粘板上的压线窝成船形后，将粘板四个角上的孔挂在诱捕器的塑料挂钩上。

④将安装好的诱捕器以 3~4 套 / 亩的密度使用，若茶园往年虫口密度低，可适当降低使用密度。反之则增加使用密度。诱捕器一般固定于茶蓬上面 20~30 厘米处。

⑤为保证诱杀效率，粘板需及时更换，性诱芯 2~3 个月更换一次。安装诱芯时应洗净双手或佩带一次性手套操作，避免污染。

⑥性信息素诱芯使用前请保存于 –20℃ 冰箱里。

图 3-48　专用性诱剂诱捕茶黄毒蛾（茶毛虫）雄性成虫（周世须　供）

图 3-49　诱捕防治茶黄毒蛾（茶毛虫）（周世须　供）

（5）"以虫治虫""以螨治螨""以螨治虫""以螨携菌治虫"生物防治技术

携菌捕食螨（胡瓜钝绥螨）防治茶红蜘蛛、茶橙瘿螨、茶黄螨、蓟马，兼治茶小绿叶蝉、茶尺蠖、茶毛虫等。一般 1 年释放 1 次，释放适期 3~5 月或 9~10 月。捕食螨可采用人工撒施或无人机撒播，每亩 15 万只（3 瓶，每瓶 ≥ 5 万只，每瓶携带白僵菌孢子粉 5 克）。

异色瓢虫防治茶蚜、介壳虫、粉虱、小绿叶蝉等，每亩 15 卡（管）[≥ 20 卵 / 卡（管）]，5 月或 9 月初茶蚜、介壳虫、粉虱、茶小绿叶蝉初发生期使用，采用人工挂卡、人工抛施或无人机投放。

赤眼蜂防治茶尺蠖、茶毛虫等，每亩 15 卡（管）[≥ 2000 卵 / 卡（管）]，4~6 月或 8~9 月在茶尺蠖、茶毛虫初发生期释放，采用人工挂卡、人工抛施或无人机投放。

图 3-50　无人机飞防茶黄毒蛾（茶毛虫）　　　图 3-51　福鼎茶园出现蜘蛛网（生态平衡表
　　　　　　（周世须　供）　　　　　　　　　　　　　现）　　（刘文　供）

图 3-52　漳平茶园出现蜘蛛网（生态平衡表现）　　（周世须　供）

（6）速测卡测定方法

鲜叶：2 克样品，用研钵研磨后按 1 ∶ 10 加入 20 毫升开水，混匀静置 10~15 分钟，用塑料滴管分别取 2 滴茶汁，滴入平放的速测卡中左右两个加样孔。

干茶：2 克样品，按 1 ∶ 30 加入 60 毫升开水冲泡，混匀静置 10~15 分钟，用塑料滴管分别取 2 滴茶汁，滴入平放的速测卡中左右两个加样孔。

如果上下两条线显红色且颜色接近，表示未检出（阴性）；上方线显红色，下方线比上方线颜色明显变浅或无显色，表示茶叶中农残超出 0.05 毫克 / 升（阳性）；上方线不显色，表示失效。

（7）害虫虫口监测

茶园主要害虫的虫情监测对于指导害虫防治的时间和手段具有重要意义，只有做好虫情监测，才能准确地在最佳时机实施防治措施，以达到最好的防控效果。具体措施如下。

茶小绿叶蝉调查方法：随机选择 4 个 15 米茶行，黎明时分调查其百叶（芽下第二张嫩叶）若虫数量。若 4 个重复的茶行平均百叶若虫数超过 12 头，即达到防治指标。

灰茶尺蠖幼虫调查方法：黎明时分在茶园内搜寻有无灰茶尺蠖幼虫，随机选择 4 个危害点，在危害点统计 1 米茶行内幼虫的数量。若 4 个重复的点平均幼虫数超过 10 头，即达到防治指标。

茶毛虫卵块调查方法：选择总长为 100 米的茶行中 20 个调查点（20 棵树），在茶丛中下部老叶背面寻找卵块。若 20 个调查点超过 5 个卵块，则达到防治指标。

每隔 1 周调查统计 1 次，对比害虫防治阈值，选择合适的防控措施。

表 3-1　三种常见茶树害虫的防治阈值

防治对象	防治指标
茶小绿叶蝉	10~15 头若虫 / 百叶
灰茶尺蠖	10 头幼虫 / 米茶行
茶毛虫	5 个卵块 /100 米茶行

（8）应急农药措施注意事项

①应做好虫口监测，尽可能在目标害虫低龄期进行防治，提高防治效果。

②农药施用应选择清晨或下午 4 时后进行，避免在高温下施药。

③微生物农药对紫外线敏感，需在傍晚或阴天施用，以免强紫外线导致药剂失活。

④推荐应急农药注意轮换使用，以免害虫农药抗性上升。

表 3-2　应用农药名单

防治对象	化学农药	生物农药或天敌
茶小绿叶蝉	茚虫威、虫螨腈、唑虫酰胺	异色瓢虫、印楝素、茶皂素
茶尺蠖、茶毛虫、茶黑毒蛾	唑虫·丁醚脲、联苯菊酯、氯氰菊酯	赤眼蜂、短稳杆菌、茶核·苏云金（灰茶尺蠖专用）、尺蠖专性性诱剂
茶树螨类	虫螨腈、联苯肼酯	捕食螨、矿物油
封园用药		石硫合剂

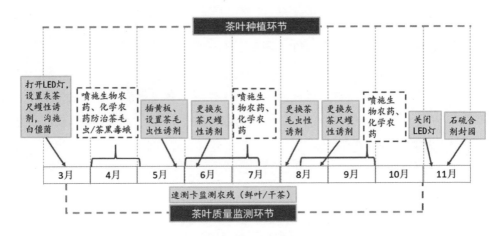

图 3-53 绿色防控技术模式综合流程图

注：图中灰色框的措施为必选措施，红色括号时间段为害虫爆发期，需做好虫口监测，若超过防治指标则采用虚线框的应急措施。

3. 绿色防控方案

（1）茶叶种植环节

（说明：以下红色字代表茶丽纹象甲、茶毛虫、茶黑毒蛾为区域性发生，根据实际情况决定是否要采用相应措施。）

3月中旬前拌土撒施白僵菌防治茶丽纹象甲。

3月下旬安装并打开杀虫灯，并在茶园布置灰茶尺蠖性信息素诱捕器，若往年灰茶尺蠖发生严重，每亩放置3~4套诱捕器；若少量发生，每亩放置2套诱捕器。

手采茶：春茶结束，进行修剪后，放置色板压制叶蝉高峰期虫口数量。

4月对茶毛虫/茶黑毒蛾越冬代幼虫数进行虫口监测，发生轻微的茶园可人工摘除虫卵或幼虫；如果超过防治指标，适时喷施茶毛核·苏云金防治茶毛虫，喷施短稳杆菌防治茶黑毒蛾。

图 3-54 福安市社口镇茶叶基地使用黄板、灭虫灯诱捕茶园害虫（林芝华 供）

5 月中旬在茶园放置茶毛虫性信息素诱捕器。

5~6 月为茶小绿叶蝉发生高峰期，对茶小绿叶蝉进行虫口监测，初期可使用异色瓢虫；如果超过防治指标，适时喷施推荐的应急化学农药（有机茶园喷施茶皂素和印楝素等植物源农药）；茶小绿叶蝉发生期，可通过适当调整修剪或机采时间，压制茶小绿叶蝉虫口数量。异色瓢虫与化学农药只能二选一。

6 月上旬更换灰茶尺蠖性诱剂。

6~7 月为茶毛虫 / 茶黑毒蛾发生高峰期，对茶毛虫 / 茶黑毒蛾幼虫数进行虫口监测，如果超过防治指标，适时喷施茶毛核·苏云金或短稳杆菌（若喷施生物源农药后，虫口数量仍然较高，喷施推荐的应急农药）。

7~8 月为灰茶尺蠖发生高峰期，通过虫口监测灰茶尺蠖幼虫数，早期可采用赤眼蜂防治；如果超过防治指标，适时喷施短稳杆菌或茶核·苏云金（若喷施生物源农药后，虫口数量仍然较高，喷施推荐的应急农药）。赤眼蜂与化学农药只能二选一。

图 3-55　茶园散养家禽控虫（周世须　供）

8 月上旬更换茶毛虫性诱剂。

8 月下旬更换灰茶尺蠖性诱剂。

9 月为茶小绿叶蝉发生高峰期，对茶小绿叶蝉进行虫口监测，初期可使用捕食螨；如果超过防治指标，适时喷施推荐的应急农药（有机茶园喷施苦参碱等植物源农药）。机采茶园可通过适当调整采摘时间，压制茶小绿叶蝉虫口数量。捕食螨与化学农药只能二选一。

11 月初关闭杀虫灯。

11 月下旬使用石硫合剂封园（封园要彻底）。

（2）茶叶质量监测环节

整个茶叶采收或交易期间均可以进行质量监控，收购茶叶鲜茶或干茶样品（红茶、绿茶、乌龙茶等）时，采用吡虫啉和啶虫脒速测卡进行初步残留情况监测，确保茶叶质量安全。

4. 整体效果评估

采集绿色防控示范茶园、习惯防治茶园、全年未防治茶园的全年靶标虫害发生情况（有条件的试验站实施），以及化学农药施用情况、茶叶产量、茶叶农残、成本与收益等数据，并通过比较明确绿色防控技术实施的效果。

（1）虫口监测

每隔 7 天或 10 天调查统计 1 次，黎明时进行。

茶小绿叶蝉：随机选 4 点，调查百叶（芽下二叶）若虫数量。平均数超过 12 头即达防治指标。

灰茶尺蠖幼虫：随机选择 4 个危害点，调查 1 米茶行内幼虫数量。平均数超过 10 头即达到防治指标。

茶毛虫卵块：选择总长 100 米的茶行，调查 20 个点，中下部老叶背面寻找卵块。20 个调查点超过 5 个卵块即达到防治指标。

（2）化学农药施用情况

详细记录绿色防控示范茶园的全年化学农药使用情况。

定点详细记录示范茶园外的常规茶园的全年化学农药使用情况。

化学农药使用情况包括施用次数和时间、农药品种、农药用量等。

（3）茶叶产量及农残情况

根据实际情况，测定绿色防控示范茶园、常规防治茶园的春、夏、秋茶鲜叶产量。测产方法可采用样方法或全地块测产。

测定绿色防控示范茶园、习惯防治茶园的春、夏、秋茶鲜叶农药残留。样品送检机构须拥有国家认可的"检验检测机构资质认定书"。农药残留测定应涵盖行标 NY/T288—2018《绿色食品　茶叶》的 15 个指标，以及吡虫啉和实际施用的化学杀虫剂、化学杀菌剂、化学除草剂。出口欧盟的茶叶，农药残留测定内容应涵盖欧盟各类检测指标。

四、生态茶园典型模式及主推技术

（一）安溪县"茶—林—绿肥"复合栽培生态茶园

"茶—林—绿肥"复合栽培生态茶园，茶园通过合理种树、梯壁留草种草、套种绿肥、水利设施建设、道路配套建设，并加强茶园无公害等管理措施，达到树、草、肥、水、路的有机结合，形成"头戴帽，腰系带，脚穿鞋"，梯壁牢固、梯层整齐、水土保持良好的生态茶园模式。

1. 适宜区域与条件要求

（1）安溪地理气候条件

安溪的气候堪称温和，素有内外安溪之分，根据地貌和气候差异，东部属外安溪，西部属内安溪，境内有南亚热带和中亚热带的综合气候特征。安溪年平均相对湿度 80% 左右，年平均温度 16~21℃，年日照 1850~2050 小时，无霜期 260~350 天，湿润的气候十分有利于茶树的生长。同时，源于地理上的显著差异造就了不同气候特征，十分有利于茶叶优质的制作。每年 5 月初夏和 10 月秋末之时，来自泉州港的东南风与来自漳州平原的偏西风在安溪境内交汇，形成白天温暖、夜间寒冷的气候，此时，日夜温差大，是茶叶制作最理想的气候条件。恰巧安溪铁观音是在 5 月上旬采制春茶，10 月上旬采制秋茶，制成的茶叶品质独特优异。

安溪茶园土壤以砖红壤为主，pH4.0~5.5，土层深厚，加上每年的人工客土，耕作层达 1 米以上，土体松软，土壤保水性能好，土质肥沃，有机质含量较高，矿质营养元素丰富，特别是土壤中锰、锌、钼含量较高，有的茶园在 80~100 厘米深土层内还含有一定数量呈风化状态的碎石块，这为形成乌龙茶尤其铁观音茶叶的色、香、味和良好保健功能奠定了天然基础。

图 4-1　安溪举源生态茶庄园

（2）基础设施

安溪境内公路总里程达 5178 千米，位居全省县级第一，四条高速、十个落地互通组成快速大通道。2005 年实现农村村村通公路，2015 年起累计投入资金 23 亿元完成 700 千米农村公路提级改造，获评全省"四好农村路"示范县；城乡电网改造已全部完成，城区、农村电力保障充足。全县现有 220 千伏变电站 4 座，容量 126 万千伏安；"安溪农业信息网""农业 110"服务热线等信息化服务体系已全部建成，12316 农业服务热线全天候为农民提供免费服务，实现全县 24 个乡镇全覆盖；全县现有大型物流企业 120 家、大型快递企业 13 家，服务网点 228 个，日均处理快递业务量 20 多万件。

图 4-2　安溪冠和生态茶庄园

（3）经济发展

2020年，安溪实现生产总值747.63亿元，比上年增长3.3%。分产业看，第一产业增加值56.24亿元，增长4.0%；第二产业增加值379.50亿元，增长5.2%；第三产业增加值311.89亿元，增长0.8%。产业结构比为7.5：50.8：41.7。全县一般公共预算总收入43.82亿元。2020年，安溪县县域综合实力全国百强县提升至第59位，最具投资潜力提升至第21位。2020年安溪县荣获国家生态文明建设示范县、全国农作物病虫害"绿色防控示范县"、全国县域数字农业农村发展先进县、全国"互联网+"农产品出村进城工程试点县、全国一村一品示范乡镇（尚卿乡）、全国文明村（福田乡丰田村）、省级金牌旅游村（虎邱镇湖坵村）等称号。

（4）技术能力

拥有全国唯一的涉茶全产业链本科院校——福建农林大学安溪茶学院，以及安溪茶校、华侨职校2所涉茶中职院校，为产业发展源源不断提供高素质人才。培育涉茶高新技术企业4家，国家农业科技园示范企业38家，省科技小巨人领军企业5家，省级工程技术研究中心、行业技术研发中心2家。承担实施省部级以上涉农涉茶科技计划项目16项，获得市级以上科技进步奖20项，拥有涉茶专利700多件。科技特派员制度深入推行，实现全县乡镇全覆盖，技术服务覆盖72.3%行政村（社区）。

安溪连续多年实施基层农技推广体系改革与建设，打造一批集示范展示、培训指导、科普教育等多功能、一体化的农业科技服务平台，推广应用11项农业主推技术，全县85%以上的基层农技人员应用中国农技推广信息平台在线指导服务，全县1/3以上的基层农技人员接受连续5天以上的脱产业务培训，建立了3个长期稳定的农业科技示范基地和3个田间学校，累计培育810个农业科技示范主体，组织了223名农技人员使用中国农技推广APP，县乡农技人员业务水平和服务能力进一步提高。

茶叶采摘、初加工、精加工、包装等，已全部实现机械化，部分生产已实现自动化、连续化和智能化。佳友机械公司拥有福建省院士专家工作站、福建省茶叶加工机械企业工程技术研究院、泉州专家工作站等多个科创平台，长荣机械公司是国家高新技术企业，"多组式茶叶萎凋机""新型颗粒乌龙茶成型设备""乌龙茶燃油杀青机""隧道式烘干机""船型茶叶输送装置""茶青自动处理设备""茶叶全自动加工成套设备"等新型研发设备实现全国首发。

2. 模式示意图

"茶—林—绿肥"复合栽培生态茶园，茶园按照"头戴帽，腰系带，脚穿鞋"的原则合理种植和保留防风带、隔离带；梯壁、裸露地表等合理留草、种草、套种绿肥；严禁使用高毒、高残留农药，通过农业、物理、生物等绿色综合防治措施，确保茶叶质量安全；建设水沟、截沙池、蓄水池等水利设施，减少水土流失；并配合道路建设，达到树、草、肥、水、路的有机结合的茶园管理模式。

图4-3 "茶—林—绿肥"复合栽培生态茶园模式

安溪铁观音制作技艺是比较复杂且独特的制茶技艺，其初制工艺是：鲜叶—凉青—晒青—摇（凉）青—炒青—揉捻—初烘—初包揉—复烘—复包揉—烘干—毛茶。十道工序，共分为三个阶段，即做青阶段（包括晒、凉、摇）、炒青阶段、揉烘阶段（包括三揉三烘）。

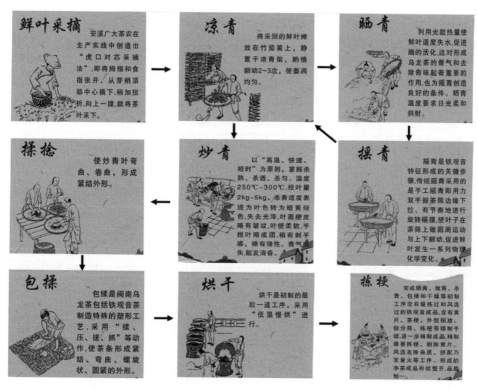

图4-4　安溪铁观音制作技艺流程

3. 建园技术

（1）茶园选址与规划

①茶园选址。应选择生态环境良好、水质良好，茶园土壤pH值在4.5~6.0、土壤有机质含量在1.5%以上，茶园开垦地块坡度在25°以下，植被丰富，茶园水土保持较好，生物多样性好，有天然的防风带的地块。而且在选址上要远离城区、工矿区和交通主干线，远离有毒有害物质排放污染源。

②茶园规划建设。合理保护和保留原有林木植被，选择适宜当地气候的林木物种，在上风口保留或种植防风带，道路两旁种植行道树，茶园四周和地块之间种植隔离带。对于茶园裸露空地、梯壁等应种植新植被，提高茶园地表覆盖率。

要建设与园外连接的茶园主干道、园内茶园地块之间的茶园支道、地块内的步行道，做到道路交通安全、方便快捷。

合理布置和建设水利设施，开设水沟、截沙池等，有效控制水土流失。

（2）茶园建设要点

①树种选择。主要以豆科、落叶和常绿的乔木、小乔木型树种相结合为主，如香椿、任豆树、木荷、天竺桂、桂花、建柏、楝树、柿树等。选择适应本地生长的品种，品种多样，树木直径要求 2 厘米以上，树高 1.5 米以上。种植时山顶防护林适当密植，每 4~5 米种植 1 株；道路和沟渠两旁或一旁种树，每 7~8 米种植 1 株；四周空缺地适当种植。推广带状退茶还林模式，即在茶山纵向每隔20~30 米，选择 2~3 个梯台种植 3~4 米宽度的林带。

②梯壁种草护草。除恶性杂草外，尽量保留梯壁的杂草，以覆盖地表，保持水土，改良土壤，提供天敌的栖息场所，营造一个良好的茶园生态环境。改传统的梯壁劈草、除草剂除草为割草，并覆盖或埋入茶园行间；对于裸露的茶园梯壁，应选种多年生绿肥，如爬地兰、黄花菜、平托花生、遍地菊、白三叶等。种植时根据不同的草种，以 2~3 年生覆盖梯壁为宜。

③套种绿肥。茶园中轮种绿肥，能有效防止表层土壤养分蒸发和水土流失，同时把种植的绿肥作为饲料或肥料。如种植黄豆、花生、马铃薯等。

④建设水利设施。在茶园周围雨水集中处建设中型或小型蓄水池，中顶部建

图 4-5　安溪八马生态茶庄园

设横向排水沟、截沙池。在茶园内侧挖"竹节沟"、四周挖排水沟或隔离沟，有条件的地片，鼓励建设滴灌、喷灌、流灌等水利系统，做到水利设施健全、排灌自如。

⑤完善茶园道路建设，要根据茶园生产需要建设生产路、步行道。

4. 生产管理技术

（1）茶园管理

①深翻。一般应在每年10月初至11月上旬进行，深度15~20厘米。过深易伤根系，影响茶树的正常生长。

②适当稀植。对于过度密植的茶园，应进行挖穴减株或整行挖除，株距达到30厘米以上、行距1.3米以上，让茶树之间保持合理间隔，确保茶园通风透气，同时方便秋冬季进行土壤耕翻、有机肥料施用等农事耕作。

③修剪。茶树冬季修剪是夺取春茶优质高产的重要技术环节，注意因地因树制宜，生长旺盛的茶树一般只能剪去蓬面突出部分，达到树冠面平整。有较多细弱枝、鸡爪枝的茶园，进行深修剪，将超出树冠面10~15厘米的枝条剪除。树势较衰弱、单产严重下降的老茶园，采用重修剪，将树冠高度1/3至1/2以上的部分剪掉。

④防冻。在茶园行间多施一些牛栏粪、焦泥灰等暖性肥料以提高土温。施肥后在茶树基部培 8~10 厘米厚的新土层。最后利用柴草、稻草、厩肥等铺盖茶树行间及根部，以利于提高土壤温度，保持土壤湿度。在寒潮来临前，还可用稻草、杂草或薄膜等进行蓬面覆盖，开春后及时揭去覆盖物，达到发早、发壮效果。

⑤茶园梯壁留草。严禁使用除草剂除草，保持梯壁常年有绿草覆盖，促进生物多样性。对梯壁上旺盛的杂草采用镰刀或割草机进行割除，并将收割的杂草覆盖在茶园行间，保持水土的同时又改良茶园土壤。

⑥老茶树管理技术。对 20~30 年的老茶园进行清园、稀枝，根据茶树的具体生长情况进行适当修剪，培壮茶树主干、培丰树冠，挖穴施用有机肥、农家肥，除去恶性杂草，基本不施用化肥和化学农药。

图 4-6　茶园梯壁留草

图 4-7　老茶树管理技术

（2）病虫害防治

在茶树病虫害防治方面，推行"以农业防治为基础，绿色防控技术使用"的综合防控措施。

①太阳能杀虫灯。利用太阳能照射电池蓄能发电，释放吸引害虫的波长的灯光，用于防治蛾类等趋光性害虫。

②斜纹夜蛾诱捕器。模拟雌性斜纹夜蛾成虫释放的性信息素，配套诱捕器捕获雄虫，减少雌虫交配繁殖的机会，从而减少子代幼虫的发生量，保护寄主免受虫害。

③粘虫板。利用害虫对特定颜色的趋光性，放置粘虫板用于防治蝇类、小绿叶蝉、蚜虫、白粉虱等。

图 4-8　茶园放置太阳能杀
虫灯

图 4-9　茶园放置斜纹夜蛾
诱捕器

图 4-10　茶园放置茶尺蠖性
信息素诱捕器

④声光电智能虫害防控技术。创立了全国首个生物信息对抗与智能虫害防治系统，采用声、光、电、生物干扰技术，将声光物理防控＋生物天敌＋生物导弹＋生态调控集成为多维一体的整体绿色防控方案，实现了有效抑制小贯小绿叶蝉等的移动、取食、求偶、交配行为，切断其繁殖链，最终达到精准防控的目的。

图 4-11　茶园放置黄色诱虫板

图 4-12　安溪历山茶仙茶业有限公司部署声光电系统

图 4-14　茶园绿色防控综合使用

图 4-13　部署声光电机器防治小绿叶蝉

图 4-15　利用无人机投放捕食茶叶害螨（如红蜘蛛、茶黄螨）

⑤农艺措施。茶园通过换种改植、修剪，减少病虫害发生，并结合施肥进行茶园深耕，有效地减少表土中越冬虫害的发生。茶树合理留高，形成大茶树景观，茶树留高至80~120厘米，提升茶树抵抗病虫害能力。

图 4-16　茶园深耕

图 4-17　茶树合理留高

（3）土壤管理

改善土壤理化性质，提升土壤肥力。安溪县连续三年承担全国首批果菜茶有机肥替代化肥试点项目，因地制宜选择有机肥替代化肥模式。

①"有机肥＋配方肥"模式。在应用测土配方施肥技术成果的基础上，增加有机肥施用量，减少化肥的使用，提升茶园土壤质量。

②"茶＋沼＋畜"模式。与规模养殖相配套，在茶叶集中产区依托种植大户和专业合作社，利用已建大型沼气设施，集中建设沼渣沼液输送相关设施，将沼渣沼液施于茶园，减少化肥的使用。

③"有机肥＋水肥一体化"模式。通过选择水肥条件好的茶园，建设水肥一体化设施，在增施有机肥的同时，推广有机水溶肥，提高水肥利用效率。

④"绿肥＋酸化改良"模式。在水热条件适宜区域，在茶园间作绿肥作物，覆盖土壤，通过将绿肥翻压还田，压青后施入适当的腐熟剂、土壤调理剂，改善土壤团粒结构和理化性状，从而减少化肥的施用量。

图 4-18　茶园挖沟施用有机肥

图 4-19　茶园套种油菜

⑤茶园茶豆套种模式。将适宜酸性土壤的大豆和高效的根瘤菌剂（适当喷水）进行混合搅拌，套种于茶树行间，利用大豆高效的固氮作用，提高土壤肥力，改善土壤理化性质，地上部分还能吸引茶树害虫、减少杂草、提高经济效益。

图 4-20　茶园茶豆套种

2017~2020 年，安溪县共计完成茶叶有机肥替代化肥实施面积 41716 亩，实施基地 139 个，共计建立效果监测点 108 个。示范基地化肥用量每年较上年减少 15% 以上，有机肥用量较上年提高 20% 以上，示范基地产品 100% 符合食品安全国家标准。

（4）其他配套管理

①水土保持技术。主要是以坡面水系整治为主的蓄水池、截排水沟、沉沙池相配套的小型水利水保工程及田间道路工程。在坡改梯田面和机耕道种植桂花，在部分梯田田面外侧种植一行地埂植物，增加地表覆盖，防止水土流失；实施绿色生态袋土护坡，种植观赏性的草籽，改善茶园土壤及水肥条件。

图 4-21　水土保持技术

②茶园综合生境管理技术。套种花卉植物，既可提高茶园观赏性，又可吸引赤眼蜂等茶树害虫天敌，起到天然的茶树病虫害防治的目的。8 月初，进行割草覆盖茶园，冬季翻耕施用有机肥，春茶后自然放养、免耕，利用杂草提高夏天茶树行间的空气湿度和土壤湿度，改变茶树微环境。

图 4-22　套种花卉

图 4-23　套种花生

5. 配套措施

（1）管理体系

鼓励企业开展国际质量管理体系、环保管理体系、良好农业规范（GAP）、食品安全管理体系、无公害农产品、绿色食品、有机绿色食品等各类认证，标准化生产能力显著提升，农产品质量安全管理体系基本健全。开展"三品一标"认证和省级名牌农产品评定工作，建立茶叶质量可追溯体系，县内安溪铁观音地理标志证明商标准用企业、规模以上茶叶企业、规范化合作社等纳入省级农产品质量可追溯监管信息平台和农资监管信息平台。

（2）产品体系

聚焦"多样化"，在充分发挥安溪铁观音"一茶三香"（清香型、浓香型、陈香型）多样性的基础上，积极开发本山、黄旦、毛蟹、大叶乌龙、梅占、奇兰等特色品种，丰富产品体系。聚焦"大众化"，大力推行标准化、机械化的工业化生产，以工业茶赢得成本优势、竞争优势。聚焦"时尚化"，顺应"少量、多品种、零售化及时尚化"发展趋势，打造方便、快捷的消费产品。聚焦"功能化"，推进深加工，以丰富的产品线赢得市场份额。

（3）品牌建设

大力推进农产品区域公用品牌、企业品牌、农产品品牌建设，培育"六名"（名茶、名山、名园、名村、名社、名企）互动的品牌群，传递"安溪铁观音 健康软黄金"绿色健康正能量，打造一批高品质、有口碑的农业"金字招牌"。

①名茶建设。创新宣传方式，借助知名新媒体、网络达人等，做好品牌营销的精准传播。继续参与区域公用品牌价值评价活动。组织品牌企业抱团参加高端展会，推介宣传公共品牌和企业品牌。鼓励用标企业、县茶叶协会各地分会和产茶乡镇在茶叶主销区开展有针对性的推广宣传活动，提升安溪铁观音品牌的美誉度和忠诚度。

②名山建设。规划建设南山、佛耳山、布岩等一批名茶山。

③名园建设。建设提升现有 22 家特色鲜明、生产方式绿色、经济效益显著、辐射带动有力的金牌茶庄园、魅力茶庄园、创意茶庄园，庄园化管理的茶园占全县茶园面积的 80% 以上。

④名村建设。在祥华旧寨、龙涓南棋、感德槐植等 50 个产茶名村，以及 12

座名茶山，探索建立质量安全、品牌保护"村级自治模式"，培育和发展一批产业强、产品优、质量好、功能全、生态美的农业产业强村。

⑤名社建设。推广举源"有身份证茶"追溯系统建设经验，倡导"一社一标"和"一社一牌"，开展评选"十佳"茶叶专业合作社活动，培育和发展一批产业带动能力强的名社。

⑥名企建设。推动龙头企业管理创新、技术创新和商业模式创新，鼓励茶企业加快创牌创标，培育企业个性品牌，塑造品牌核心价值，提升企业的市场知名度和竞争力。

（4）融合发展

继续秉承"跳出茶叶做大茶产业"理念，实现"接二连三"，形成了"一业兴、百业旺"的发展格局。

①茶叶产品+：大力发展茶叶精、深加工，开发袋泡茶、速溶茶、茶含片、茶水饮料等快捷茶品，在茶多酚、茶氨酸等茶叶生物科技产品研发等方面取得突破。

图 4-24　安溪华祥苑茶庄园

②庄园旅游+：创新"现代农业+文旅"发展模式，在全国率先发展茶庄园业态，建成22座各具特色的茶庄园，"海丝茶源·茶旅圣地"线路入选农业农村部2020年中国美丽乡村旅游（秋季）精品线路，每年吸引120万人次以上的"铁粉"莅临安溪体验消费。大力发展旅游民宿业，培育"茶香人家"63家；省级乡村旅游村增至19个，省级三星级旅游村增至4个，虎邱镇湖坵村获评省级金牌旅游村。

③茶叶电商+：深化国家电子商务进农村综合示范县创建，整合各方面资源，建设乡镇村电子商务服务站、县乡村三级物流配送、农村产品供应链、农产品营销宣传、电子商务培训，建成1个县级电子商务仓储物流配送中心、24个镇级电子商务物流仓储中转站、483个村级快递物流配送服务网点，实现全县村级物流服务覆盖率100%，构建城乡配送"最后一公里"和农产品上行"最初一公里"畅通无阻的物流通道。淘宝镇增至10个、淘宝村增至36个，位列淘宝村全国百强县第33位。2020年开展"全闽乐购"安溪系列活动，组织"茶乡乐购·品鉴好货"线上直播活动，拉动消费3亿元，全县网络零售额达200亿元，增长86%。

6. 效益分析

以福建安溪裕园茶基地有限公司为例，茶园总占地面积932亩，其中茶园面积700亩，为春秋两季采摘，鲜叶年产量为400千克/亩，基本属丰产期茶园。

（1）经济效益

"茶—林—绿肥"复合栽培生态茶园的实施，可以有效控制茶园的水土流失，改善茶园的生态环境，促进土壤微生物的生长，增加茶园病虫害天敌的栖身处和繁衍量，减少茶树病虫害的发生和农药使用量，可降低生产成本15%~20%，经营管理成本4000元/亩。较为完善的茶园管理模式，使茶叶产量品质得到进一步提高，较一般茶园每亩毛茶产量增产2.5~5千克，产品制优率提升10%左右，产品价格提高5%左右，年平均产量达55千克/亩（毛茶），每亩净收益4800元。

（2）生态效益

通过综合实施茶园种树、套种绿肥、梯壁留草种草、绿色防控设施应用等多项生态茶园建设技术，因地制宜推进茶园水利设施、道路设施建设，"三保"（保土、保水、保肥）能力得到提升，茶园生态环境得到改善。

（3）社会效益

"茶—林—绿肥"复合栽培生态茶园的实施，不仅有显著的经济、生态效益，还有较大的社会效益，可为安溪县生态茶园建设提供典型示范，增加农民收入，有力地促进项目区的经济、社会、生态可持续协调发展。

7. 推广潜力分析

（1）模式推广情况

"茶—林—绿肥"复合栽培生态茶园模式已在安溪境内的茶园广泛应用，已经实施茶园总面积约40万亩，已实施的主要茶庄园及面积见下表。

表4-1　安溪县规模茶庄园情况表

序号	庄园名称	地点	庄园规模（亩）	茶园种植面积（亩）
1	溪禾山铁观音文化园	参内镇美塘村	1200	500
2	云岭茶庄园	芦田镇福岭村	1800	800

序号	庄园名称	地点	庄园规模（亩）	茶园种植面积（亩）
3	裕园茶庄园	虎邱镇湖垵村	800	300
4	华祥苑茶庄园	龙涓乡珠塔村	1500	500
5	高建发茶庄园	虎邱镇双格村	2000	800
6	国心绿谷茶庄园	尚卿乡黄岭村	1800	800
7	添寿福地茶庄园	桃舟乡康随村	12000	2000
8	中闽魏氏茶庄园	龙涓乡长新村	2000	1200
9	冠和茶庄园	祥华乡福洋村	800	300
10	德峰茶庄园	西坪镇盖竹村	1000	105
11	八马茶庄园	西坪镇红星茶场	800	300
12	三和茶庄园	芦田镇招坑村	1200	600
13	绿色黄金森林茶庄园	参内镇岩前村	500	200
14	年年香茶庄园	参内镇岩前村	500	200
15	铁观音发源地（魏说）茶庄园	西坪镇松岩村	1200	800
16	禅心缘茶庄园	虎邱镇竹园林场	600	300
17	举源茶庄园	龙涓乡举源村	2000	480
18	高鼎茶庄园	龙涓乡新岭村	1200	500

序号	庄园名称	地点	庄园规模（亩）	茶园种植面积（亩）
19	华农茶庄园	虎邱镇竹园林场	500	200
20	华虹茶庄园	虎邱镇高村	1200	500
21	历山茶仙茶庄园	湖上乡飞新村	1200	600
22	大宝峰茶庄园	城厢镇石古村	600	300

（2）模式推广配套措施

重点推广的是早期开垦的梯壁裸露及水土流失较严重的茶园，从茶山大生态—茶园小气候—土壤微环境等层面，综合运用生态修复、土壤改良、种质提升、技术培训等绿色生产方式和措施，打造"安全看得见"的健康好茶。相关配套政策措施如下。

①茶山生态提升综合措施。采用适度稀植、科学留高、梯壁留草、绿色防控等综合措施立体推进生态茶园建设。

②茶园土壤改良。推广有机肥替代化肥技术，提升茶园土壤肥力，改良理化性质。

③茶树优异种质资源保护。对安溪铁观音、本山、黄旦、毛蟹、大叶乌龙、梅占等6个国家良种建立优异茶树种质资源保护区，对保护区茶树进行提纯复壮。

④茶业质量安全信息化监管。扎实推进茶叶合格证与一品一码追溯并行管理。全县工商注册的茶叶生产主体全部纳入福建省食用农产品合格证与一品一码追溯并行系统平台监管。

⑤茶业高素质农民培训。实施高素质农民培训和茶业万人培训，提升全产业链茶叶生产技艺水平。

（二）武夷山市生态茶园典型模式

选择山地坡度在25°以下的缓坡地，按山地开发的要求"头戴帽、腰系带、脚穿鞋",合理留草种树,科学种植绿肥植物,控制茶园和林地的比例,建成道路通畅,水土保持良好,路、茶、树、草有机结合而成的生态茶园模式。

1. 适宜区域与条件要求

（1）武夷山地理气候条件

武夷山地处福建省北部,武夷山脉东南侧,介于东经117°37′~118°19′,北纬27°27′~28°04′。北部与江西省铅山县交界,东北部与浦城县毗邻,东南部、南部与建阳区接壤,全区土地面积419.7万亩。武夷山岩峰较多,西北地势高,且群峰耸立,能阻挡北部寒流的侵袭,受东面暖风吹拂,气候温暖,寒暑变化不大,具有亚热带气候特征。溪流九曲溪、崇阳溪、梅溪、黄柏溪和峰峦、丘陵相互交错,形成独特的小气候。武夷山气候温和湿润,年平均18~18.5℃,无霜期长。年降水

图4-25　武夷山茶园（吴成建　供）

量在2000毫米以上,是福建省降水量最多的地区,年相对湿度高达85%,雾日在100天以上,多雾形成大量散射光,适合茶树生长要求。四周群山环抱,既无冻害,又无风害,是同纬度下最佳的茶叶种植区。

（2）武夷山茶区土壤

多为火山砾岩、红砂岩及页岩,有许多植被残体遗留土中,日益堆积,使表层腐殖质层较厚,有机质含量高,pH值5~6,适宜栽茶。陆羽《茶经》中所述"上者生烂石,中者生砾壤,下者生壤土",武夷岩茶的核心产区土壤就是属烂石类型,所产岩茶具"岩骨花香"的品质特征。

（3）武夷山地貌

武夷山岩峰沟壑、幽涧清泉,烂石砾壤,弥雾沛雨,武夷岩茶承丰壤之滋润,

受甘露之霄降，独享大自然之惠遇，独特的有利于茶树生长发育的气候、土壤、水分优化组合的自然条件，为茶叶的生理和生化过程物质代谢创立了稳定的生态环境，这是武夷岩茶鲜叶自然品质优异的外在因素。可谓"孕灵滋雨露，钟秀自山川"，灵山产灵草。

图 4-26 武夷山马头岩茶园冬日风貌（张光丞 供）

（4）武夷山的区位优势

京福高铁、宁上高速、京台高速、武邵高速横贯其中，开通了武夷山至曼谷首条国际航线和 18 条国内航线，福建三大干线枢纽机场之一的武夷山新机场即将开工建设，集航空、高铁、高速、高级公路于一体的现代立体交通网已经成型，武夷山形成航空 1.5 小时、高铁 3 小时的经贸交流经济圈，成为重要的南接北联通道。

2. 模式示意图

"一条路、一行树、一片绿、一盏灯、一只虫、一把肥"，以此作为生态茶园建设的主要内容,按照"头戴帽,腰系带,脚穿鞋"的原则,做好茶与林与草的合理配置,连片茶园之间以常绿树种作隔离带,起到防扩散的作用;对裸露地表等合理留草、种草或套种绿肥;采取农业、物理、生物等绿色综合防治措施,确保茶叶卫生质量安全;规划茶园道路建设合理配合建设水沟、沉沙池、蓄水池等水利设施,达到茶、路、树、草等要素有机结合的茶园管理模式。

图 4-27　桐木关生态茶园（郝志龙　供）

3. 建园技术

（1）建园规划

茶园规划应有利于保护和改善生态环境、维护茶园生态平衡,发挥茶树良种的优良特性,便于茶园的耕作、灌溉和作业,要根据地形、地貌合理设置场部（茶厂）、种植区（块）、道路、排蓄灌水利系统,以及防护林带、绿肥种植区和养殖业区。建基地时,对坡度大于 25°,土壤深度小于 60 厘米,以及不宜种植茶树的区域应保留自然植被,对于面积较大且集中连片的基地,每隔一定面积应保留或设置一些林地。

生态茶园建设就是通过建立以茶树为主的复合型生态茶园,形成由茶树居中,上层和山顶有乔木,下层草本作物或绿肥植物的立体结构,使光能和土壤营养得到充分利用;同时,上层树木调控小区域温度、湿度、光热条件,下层植物改善土壤结构、提高土壤有机质含量,进而改善了茶园生态环境,提高茶叶品质。可以有如下两个选择。

①通过旧茶园改造。选择生态环境优越的山地或缓坡茶园进行改造建设。茶园应远离工业区、生活区、交通主干道,园区附近及上风口、河道上游无污染源,土壤理化性状良好,茶园环境条件应符合无公害食品产地的生态环境标准。

②新植建园。选择生态环境优越的山地或缓坡地进行建设。首先做好"园、

图 4-28　武夷山星村镇程墩茶园（张光丞　供）

林、水、路"的合理规划，要求整个茶区符合"头戴帽、腰系带、脚穿鞋"，禁止烧山开荒，在山顶尽可能保留原植被。开沟建成等高梯地茶园，种植沟宽深 0.4 米 × 0.4 米，梯台面宽 2.0~2.5 米。台面外高内低，内侧开设蓄水沟，山顶及道路两侧修建排水沟，排水沟要与蓄水沟相连接，并在连接处挖积沙池，起抗涝排水、保持水土的作用。

（2）道路规划建设

当确定好茶园开发地点后，要对茶园道路进行规划，主干道要求能到达茶园各个位置，不能有死角。因是建在坡地上，在规划中还要考虑到茶园道路的坡度、弯度和交会处，最好是请相关专业人员进行设计施工。要求新修道路宽 2.5~2.7 米，支道达到 1.5 米以上。

对于由旧茶园改造的生态茶园，适当拓宽茶园主干道和支道。主干道要达到 2.5 米以上，便于农用车辆通行，利于运送茶园农资、鲜叶，支道不低于 1.5 米，形成便捷的茶园交通网。

（3）茶园主干和支干道路绿化

①树种选择。因地制宜，选择适宜本地栽种的速生优质树种，以深根、不与茶树争水肥、无共同病虫害、枝叶疏密适中的常绿阔叶林树种为佳。在空地及道

路两旁的行道树可选桂花、罗汉松、杨梅、杉木等乔灌结合种植；山顶可选杉木、松树、杨梅、罗汉松、楠木等树种，以常绿阔叶林为好。若山顶原有林木植被，也可以尽量保留。

②生态位配置。在以茶为主体的茶园复合生态系统，建设上、中、下三层结构，即树木—茶树—绿肥植物（矮秆）。茶园内不宜种树（对茶园的机械化有影响），应选择主干道路和支路边植树，采取单边种植，对于连片大面积的茶园，可每间隔10~15行茶树种植成行的绿化树作为隔断。道路沟渠单边种植绿化树，每5米种植1株。

③绿化树管理。加强对防护林行道树、覆苗树的肥培管理，提高成活率。当覆盖和根系过于庞大，应及时进行适当整枝、修剪，使其保持适宜的遮阴面积，为茶树创造良好的通风透光条件，保持茶树的正常生长。

图4-29　武夷山燕子窠茶园全貌（郝志龙　供）

（4）梯壁留草和茶园间作

茶园由于立地条件不同，行间套种和在茶园梯壁留草，对茶园梯壁上的杂草改锄草为割草，禁止使用除草剂；对裸露、光秃的茶园梯壁种植护坡绿肥作物，当覆盖梯壁后，通过割除作为茶园绿肥。茶园内间作种植矮秆草本类经济作物，达到茶园绿化覆盖度85%以上。当然，如果只是作为绿肥使用，就应当在适当的时候进行刈青压青，以达到茶园的最大效益。

①草种选择。梯壁选择种植爬地兰、圆叶决明、三叶草、黄花菜等。

②间作植物选择。花生、黄豆、油菜等可作为茶园绿肥套种。

③茶园套种时间。武夷山茶园一年只采摘一季，从当年春茶结束后（5月中下旬）可开始套种大豆，9月结合挖山进行刈青，10月中下旬结合施基肥套种油菜。11月到翌年1月，在水分较好的地点还可套种紫云英。

图 4-30　茶行间套种

（5）茶园水利

武夷山市森林覆盖率较高，山中小溪流水常年不间断，茶园生产用水基本不缺，主要根据茶园地形地势，靠近水源或雨水汇集较多的地段，根据地形、水源和灌溉面积配套建设蓄水池、小水窖，铺设管道或开挖水沟，降低取用水的成本，提高茶园抗旱抗涝能力。

图 4-31　茶园蓄水池

建设标准：按每 10 亩 1 米^3 水的用量。如在茶园中有流动水的小沟，可建漫水的小挡坝，可蓄 2~3 米^3 的水即可，方便取水。

4. 生产管理技术

（1）茶树树体管理

茶树经过 3 年的修剪，形成高度 50~60 厘米、树幅 80 厘米以上的采摘蓬面后，每年根据生产的需要进行相应的轻修剪，进入正常的生产管理。茶树经过多年的采摘，在茶树蓬面上会形成结节枝，也称鸡爪枝，或形成树冠高大不便于茶叶的采摘作业，或是茶树进入衰老期甚至未老先衰，单产低，茶叶品质下降，茶树需要进行改造，修剪依树势可采取台刈、重剪、深剪、轻修和改植换种。方法：台刈离地面 5~10 厘米；重剪离地面 20~30 厘米；深剪剪去树冠以下 15~20 厘米；轻修剪每年进行一次，茶季结束后剪去当年因采摘形成的鸡爪枝，剪去 2~3 厘米。对于采取台刈、重剪或深剪等方法都无法恢复树势的茶园，采取改植换种。

（2）茶园植被管理

主要是对茶树行间和梯壁进行留草管理或进行绿肥套种，以浅根的绿肥或草种为主。目前主要是套种大豆、油菜和紫云英。

（3）病虫害管理

加强茶园中耕管理，提高茶树抗病虫能力。农闲季节，及时清除茶园杂草、杂木和病虫枝，增加茶园通风

图 4-32　武夷山机采茶园（张光成　供）

图 4-33　武夷山茶园套种油菜

透光性；结合施肥措施将茶树周围枯枝落叶掩埋，增加茶园土壤有机质，提高土壤肥力和丰富茶树营养，增强茶树抗病虫能力。

群防群治，抓好防控。加强茶农的病虫害知识培训，提高茶农对茶树病虫害的识别能力，使茶农在正常的生产劳动过程中，及时观察到茶树病虫害发生动态，将茶树采摘与病虫害防治结合起来，及时采摘，抑制芽叶病虫的发生。

推广福建省农业科学院茶园生物防治技术，利用天敌昆虫、病原微生物来防治茶园害虫，生产上有采用"以虫治虫""以螨治螨""以螨带菌治虫"等方法。

推广中茶所茶园生态防治技术，利用太阳能杀虫灯、粘虫板和性诱剂等方法来消灭害虫。

图 4-34　武夷山燕子窠基地放置鳞翅目专性诱捕装置及天敌友好型色板（张光丞　供）　　图 4-35　武夷山燕子窠基地放置太阳能内吸灭虫灯（张光丞　供）

（4）土壤管理

采取茶园行间铺草，套种绿肥和适时耕作。通过茶园铺草可以防寒防旱，增加土壤有机质含量，减少水土流失。对茶园进行合理耕作，促进茶树根系生长和更新。耕作深 5~10 厘米，中耕 10~15 厘米、深耕 25~30 厘米，浅耕和中耕可结合追肥进行，深耕可结合埋压杂草和施有机肥进行。施用有机肥，每亩用量在

300~500 千克，配施 30~50 千克复合肥，复合肥要求是高氮低磷中钾（22-6-11）为宜。施用经过无害化处理的厩肥、饼肥或有机肥。在施足基肥的基础上适当提高春茶的施肥次数和肥量，保证茶树营养供给；同时，推广配方施肥。根据茶树不同生长时期，适宜施肥。在施足氮、磷、钾肥的基础上，适当补充镁、锌等微量元素。

秋季挖山有"七挖金八挖银"的说法，就是在农历的七八月，对茶园进行深翻，深度在 20 厘米以上，把表土翻开进行日晒，有利于消灭躲在土壤中的病虫，促进土壤团粒结构的形成，更新茶树浅层根系，促进茶树的吸收。

图 4-36　茶园客土

秋季茶园客土，是武夷山传统茶园管理的一种方法，体现了武夷山茶人的智慧。客土言下之意就是从茶园以外的地方取来新土，补充到茶园中，这种方法相当于增加了茶园土壤的厚度，给茶树根系带来了新的营养元素，这在没有化肥的年代，不失为一个好的办法。武夷山茶园客土时间多在 10 月到翌年 1 月，结合茶园下基肥时进行。

挖山和客土相结合是武夷山特有的一种茶山管理方法。

（5）质量管理

综合上述的各种管理方法，其目的就是为了获得优质的茶叶青叶，作为茶叶生产的原料。六大茶类的加工方法各不相同，所需的茶叶原料也有所不同。就武夷岩茶而言：

①采摘标准是"驻芽三、四叶"，新梢能达到 5 叶以上就够了，过多的叶片只能是老叶。对有些品种而言，大肥并不适宜，新梢过长并不能做到增产增收。

②茶叶是以叶片作为采收对象，可以适当增加氮肥的比例，有利于叶片的生长，而磷、钾会增加花果的量，造成树体营养的流失。

5. 配套措施

（1）管理认证体系

鼓励企业开展国际质量管理体系、环保管理体系、良好农业规范（GAP）、食品安全管理体系、无公害农产品、绿色食品、有机绿色食品等各类认证，标准化生产能力显著提升，农产品质量安全管理体系基本健全。开展"三品一标"认证和省级名牌农产品评定工作，建立茶叶质量可追溯体系，武夷岩茶证明商标和地理标志证明商标准用企业、规模以上茶叶企业、规范化合作社等纳入省级农产品质量可追溯监管信息平台和农资监管信息平台。

（2）产品体系

武夷山是乌龙茶和红茶的发源地，产茶历史悠久，茶文化积淀深厚，武夷岩茶和正山小种各自品类繁多，自成体系。特别是武夷岩茶，按烘焙工艺，有轻火、中火和足火之分，按存储年限有新茶和陈茶之分，丰富的产品，满足了不同消费者的要求。

①武夷岩茶：大红袍、肉桂、水仙和武夷名丛等，其中武夷名丛又有铁罗汉、水金龟、白牡丹等。

②正山小种：金骏眉、银骏眉、小赤甘、大赤甘等。

（3）品牌建设

进一步开展"认标购茶"工作，完成武夷茶地理标志管理系统招标，制定《武夷茶地理标志工作方案》，2020年完成商品标授权许可企业76家，发放商品标标识20万枚，累计完成授权"商品标"使用企业180家，发放茶青卡1500户，茶园面积6万亩；制作完成3个"认标购茶"T形广告宣传牌、7块茶业公共品牌宣传牌；"武夷山大红袍""正山小种"各2个证明商标顺利通过国家知识产权局初核；顺利开展"正山小种"中国驰名商标、武夷岩茶农产品地理标志、"茶业百强县"、"茶旅融合十强示范县"等创建申报；完成茶业品牌管理、产业发展在线访谈。

（4）融合发展

充分利用武夷山旅游资源丰富的优势，结合茶产业发展的实际，以茶叶为枢纽，做好三产融合。现已开展了茶庄园、茶文化休闲体验馆、茶观光工厂和星级茶馆建设，形成了以茶叶带动旅游、以旅游促茶叶发展的良好局面。

6. 效益分析

以武夷山市中远生态茶业有限公司为例,茶园面积 420 亩,春季采摘,鲜叶年产量为 400 千克/亩,丰产期茶园。

（1）经济效益

通过 5 年的生态茶园建设的实施,改善了茶园的生态环境,促进土壤微生物的生长,增加了茶园病虫害天敌的栖身处和繁衍量,减少茶树病虫害的发生和农药使用量,可降低生产成本 5% 左右,经营管理成本 3800 元/亩。生态茶园的管理模式,使茶叶品质得到进一步提高,但与一般茶园相比,每亩干茶产量基本持平,产品制优率提升 10% 左右,产品价格提高 10% 左右,每亩净收益 4200 元（生产成本持平的情况下,不计采制二三季茶叶）。

（2）生态效益

通过实施生态茶园建设,采取茶园种树、套种绿肥、梯壁留草种草、绿色防控等多项措施,因地制宜推进茶园水利设施、道路设施建设,"三保"（保土、保水、保肥）能力得到提升,茶园生态环境得到改善。

（3）社会效益

开展生态茶园建设,不仅茶企业取得了显著的经济、生态效益,增加农民收入,也为武夷山市生态茶园建设提供典型示范,促进了三产融合,有力地促进项目区的经济、社会、生态可持续协调发展。

7. 推广潜力分析

（1）推广应用情况

茶林生态茶园模式已在武夷山市得到了茶农的认可,广泛应用在茶生产中。主要推广茶园面积约 4.5 万亩,其中星村镇约 2 万亩、武夷街道 1 万亩、兴田镇 1 万亩、其他乡镇 0.5 万亩。具体应用主体见表 4-2。

表 4-2　武夷山市生态茶园推广情况

序号	企业名称	实施面积（亩）	推广面积（亩）
1	武夷星茶业有限公司	1234	5000
2	武夷山香江茶业有限公司	686	1200
3	福建省武夷山市永生茶业有限公司	1260	6300

序号	企业名称	实施面积（亩）	推广面积（亩）
4	武夷山市长源茗茶叶种植农民专业合作社	1092	2800
5	武夷山星村茶香茶业专业合作社	480	3600
6	武夷山市九曲山茶业有限公司（青龙食品）	967	2000
7	武夷山市瑞芳茶叶发展有限公司	645	3300
8	武夷山市正袍国茶茶业有限公司	482	600
9	武夷山清神阁茶业有限公司	566	3000
10	福建省武夷山市中远生态茶业有限公司	432	800
11	武夷山三仰峰茶业科技有限公司	500	6000
12	福莲（武夷山）茶业有限公司	680	2680
13	武夷山市奇茗甲茶业有限公司	596	5000
14	武夷山市三贤茶业有限公司	280	400
15	武夷山双西源生态农业开发有限公司	300	3000

（2）今后模式推广区域

今后生态茶园建设重点是抓好沿路沿河茶园的生态保护。

（3）配套措施

①综合运用有机肥替代化肥和茶园农业、物理、生物防控技术，提升茶园生态模式的绿色生产方式。

②茶业质量安全信息化监管。扎实推进茶叶"两标合一"与一品一码追溯并行管理。全市范围内工商注册的茶叶生产主体全部纳入福建省食用农产品合格证与一品一码追溯并行系统平台监管。

③开展茶农技术培训。

图4-37 武夷山正岩核心产区茶园（郝志龙 供）

（三）茶园化肥减施增效技术

1. 闽南乌龙茶区茶树专用肥技术模式（铁观音）

（1）技术概述

基于福建主栽茶树品种施肥限量标准及典型茶区土壤质量，结合有机无机配施比例，研发生产茶树专用有机无机复混肥（N：P_2O_5：K_2O：MgO= 21：6：9：2，有机质≥ 15%）；结合近年来闽南茶区化肥减施增效技术模式试验示范结果，制定闽南乌龙茶区茶树专用肥技术模式。

（2）解决的问题和技术应用效果

根据不同土壤肥力等级和目标产量制定施肥量，实现茶园养分定量精准投入；有机无机配施，提高山地茶园有机肥普及率。2016 年至 2018 年在安溪县、永春县、平和县等茶区试验示范结果显示，本技术模式（比常规施肥）化肥施用量减少 33%，茶叶平均增产 6.83%，茶叶品质有所提高。

（3）应用范围

该技术模式适用于原纯化肥施用的闽南乌龙茶区铁观音山地茶园，本区域其他乌龙茶树品种可参照执行。

（4）技术实施内容

①养分总量控制。

表 4-3 闽南乌龙茶区铁观音茶园不同土壤肥力等级或施肥目标产量的推荐施肥量

土壤肥力	目标茶青产量（春茶+秋茶）（千克/亩）	推荐施肥量（千克/亩）			肥料组合（千克/亩）	
		N	P_2O_5	K_2O	专用肥	尿素
高	＞ 843	31	8.6	12.7	150	0
中	583~843	34	6.9	9.8	120	20
低	＜ 583	13.5	5.7	6.7	75	0

②肥料组合。茶树专用有机无机复混肥（N：P_2O_5：K_2O：MgO= 21：6：9：2，有机质≥ 15%）和尿素（46%）。

③时间运筹。

基肥：10月下旬至11月上旬，茶树专用有机无机复混肥和尿素的30%。

春茶追肥：2月下旬至3月上旬，茶树专用有机无机复混肥和尿素的30%。

秋茶追肥：7月中旬至下旬，茶树专用有机无机复混肥和尿素的40%。

④施肥方式。

基肥：在茶树行间开沟15~20厘米施用或撒施后旋耕。

追肥：开浅沟5~10厘米施用或撒施后旋耕。

（5）注意事项

①施肥位置在茶行滴水线附近，避免与根系直接接触。

②预报大到暴雨前避免施用。

（6）技术依托单位

福建省农业科学院茶叶研究所（电话0593-6610388）

2. 闽东茶区茶树专用肥技术模式

（1）技术概述

根据闽东茶区茶园土壤特性和主栽茶树品种养分需求规律，结合近年来茶园化肥减施增效技术模式试验示范结果，制定闽东区茶树专用肥技术模式。

（2）解决的问题和技术应用效果

该技术模式针对闽东茶区多茶类（多茶树品种）生产特征，依据主要茶树品种氮磷钾养分需求特性结合闽东茶区土壤质量设置施肥量，解决多茶类生产茶园养分平衡投入问题；有机无机配施，提高山地茶园有机肥普及率。2016年至2018年在周宁县、福安市等茶园试验示范结果显示，该技术模式化肥用量减少25%，茶叶增产3.21%~6.46%，品质有所改善。

（3）应用范围

适用于原纯化肥施用的闽东茶区山地茶园，其他区域纯化肥施用山地茶园可参照执行。

（4）技术实施内容

①基肥：10月下旬至11月中旬，每亩施用茶树专用有机无机复混肥（N：P_2O_5：K_2O：MgO=21：6：9：2，有机质≥15%）40千克，在茶树行间开沟15~20厘米或撒施后旋耕施用。

②春茶追肥：2月上旬至中旬，每亩施用茶树专用有机无机复混肥（N：P_2O_5：K_2O：MgO=21：6：9：2，有机质≥15%）30千克，开浅沟5~10厘米或撒施后旋耕施用。

③秋茶追肥：7月下旬至8月上旬，每亩施用茶树专用有机无机复混肥（N：P_2O_5：K_2O：MgO=21：6：9：2，有机质≥15%）30千克，开5~10厘米沟施用或撒施后旋耕施用。

（5）注意事项

①依据茶叶产量水平对施肥量进行适当调整，全年施用量不高于150千克。

②施肥位置在茶行滴水线附近，避免与根系直接接触。

③预报大到暴雨前避免施用。

（6）技术依托单位

福建省农业科学院茶叶研究所（电话0593-6610388）

3. 闽南乌龙茶区有机替代＋专用肥技术模式（铁观音）

（1）技术概述

基于福建主栽茶树品种施肥限量标准及典型茶区土壤质量，结合有机无机配施比例，研发生产茶树专用有机无机复混肥（N：P_2O_5：K_2O：MgO=21：6：9：2，有机质≥15%）；结合近年来化肥减施增效技术模式和有机肥替代技术试验示范结果，制定闽南乌龙茶区茶园有机替代＋专用肥技术模式。

（2）解决的问题和技术应用效果

根据不同土壤肥力等级和目标产量制定施肥量，实现茶园养分定量精准投入；有机肥替代部分化肥，减少化肥投入，提升土壤地力。2016年至2018年在安溪县、华安县、大田县铁观音茶园试验示范结果显示，该技术模式有机肥替代化肥25%，化肥用量减少50%，茶叶平均增产6.15%，品质明显改善。

（3）应用范围

闽南乌龙茶区缓坡、平地铁观音茶园，该区域其他茶树品种可参照执行。

（4）技术实施内容

①养分总量控制。

表 4-4　闽南乌龙茶区铁观音茶园不同土壤肥力等级或施肥目标产量的推荐施肥量

土壤肥力	目标茶青产量（春茶+秋茶）（千克/亩）	推荐施肥量（千克/亩）			肥料组合（千克/亩）		
		N	P_2O_5	K_2O	专用肥	尿素	有机肥
高	＞843	31	8.6	12.7	110	0	260
中	583~843	34	7	9.8	80	20	250
低	＜583	14	5.7	6.3	60	0	130

②肥料组合。商品有机肥（$N+P_2O_5+K_2O \geqslant 5\%$）；茶树专用有机无机复混肥（$N : P_2O_5 : K_2O : MgO=21 : 6 : 9 : 2$，有机质 $\geqslant 15\%$）和尿素（46%）。

③时间运筹。

基肥：10月下旬至11月上旬，全部有机肥。

春茶追肥：2月下旬至3月上旬，茶树专用有机无机复混肥和尿素的50%。

秋茶追肥：7月中旬至下旬，茶树专用有机无机复混肥和尿素的50%。

④施肥方式。

基肥：在茶树行间开沟15~20厘米施用或撒施后翻耕。

追肥：开浅沟5~10厘米施用或撒施后翻耕。

（5）注意事项

①商品有机肥符合中华人民共和国行业标准 NY 525—2012。

②施肥位置在茶行滴水线附近，避免与根系直接接触。

③预报大到暴雨前避免施用。

（6）技术依托单位

福建省农业科学院茶叶研究所（电话 0593-6610388）

4. 闽北乌龙茶区有机替代＋专用肥技术模式（水仙）

（1）技术概述

基于福建主栽茶树品种施肥限量标准及典型茶区土壤质量，结合有机无机配施比例，研发生产茶树专用有机无机复混肥（$N : P_2O_5 : K_2O : MgO= 21 : 6 : 9 : 2$，有机质 $\geqslant 15\%$）。针对闽北乌龙茶区部分茶园有机肥投入不足、养分比例投入不合理现状，结合近年来化肥减施增效技术模式与茶园化肥有机替代试验示范，制定闽北乌龙茶区水仙茶园有机替代＋专用肥技术模式，该技术模

式有机替代比例为 25%。

（2）解决的问题和技术应用效果

根据不同土壤肥力等级和目标产量制定施肥量，实现茶园养分定量精准投入；有机肥替代部分化肥，减少化肥投入，提升土壤地力。2017~2018 年在武夷山市、建瓯市试验示范结果显示，该技术模式（比常规施肥）化肥施用量减少 52%（养分减量 25%），茶叶产量增加 7.02%，品质明显改善。

（3）应用范围

闽北乌龙茶区有机肥投入不足的水仙茶园，该区域其他茶树品种可参照执行。

（4）技术实施内容

①养分总量控制。

表 4-5　闽北乌龙茶区水仙茶园不同土壤肥力等级或施肥目标产量的推荐施肥量

土壤肥力	目标茶青产量（春茶+秋茶）（千克/亩）	推荐施肥量（千克/亩）			肥料组合（千克/亩）	
		N	P_2O_5	K_2O	有机肥	专用肥
低	643±57	18	5.9	8.7	165	70
中	795±41	25	8.3	12	230	100
高	974±105	18	5.9	8.7	165	70

②肥料组合。商品有机肥（$N+P_2O_5+K_2O \geq 5\%$）；茶树专用有机无机复混肥（$N : P_2O_5 : K_2O : MgO=21 : 6 : 9 : 2$，有机质 $\geq 15\%$）。

③时间运筹。

基肥：10 月下旬至 11 月中旬，全部有机肥。

春茶追肥：2 月下旬至 3 月上旬，茶树专用有机无机复混肥的 50%。

秋茶追肥：7 月上旬至下旬，茶树专用有机无机复混肥的 50%。

④施肥方式。

基肥：在茶树行间开沟 15~20 厘米或结合深耕施用。

追肥：开浅沟 5~10 厘米或结合茶园中耕施用。

（5）注意事项

①商品有机肥符合 NY 525—2012。

②施肥位置在茶行滴水线附近，避免与根系直接接触。

③预报大到暴雨前避免施用。

（6）技术依托单位

福建省农业科学院茶叶研究所（电话 0593–6610388）

5. 地力改良 + 茶树专用肥技术模式

（1）技术概述

针对福建部分茶园土壤严重酸化（pH < 3.5），根据福建主栽茶树品种养分需求规律和茶园土壤特性，研发茶树专用有机无机复混肥（$N : P_2O_5 : K_2O : MgO=21 : 6 : 9 : 2$，有机质 ≥ 15%）；结合近年来化肥减施增效技术模式与土壤调理剂筛选试验示范，制定福建茶区地力改良 + 茶树专用肥技术模式。

（2）解决的问题和技术应用效果

该技术模式主要解决茶园土壤酸化阻控与改良、茶园平衡施肥问题。2014~2017 年在安溪县、永春县、周宁县、武夷山市和建瓯市的试验示范结果显示，该技术模式化学肥料用量减少 25%，增产幅度 4.51%~40.27%，土壤 pH 平均提高 0.26 个单位 / 年。

（3）应用范围

福建茶区土壤 pH < 3.5 茶园。

（4）技术实施内容

①基肥 + 土壤改良剂：10 月下旬至 11 月中旬，每亩施用石灰质物料土壤调理剂 100 千克和茶树专用有机无机复混肥（$N : P_2O_5 : K_2O : MgO=21 : 6 : 9 : 2$，有机质 ≥ 15%）25 千克；两者混匀，撒施在茶行间，旋耕 20~25 厘米与土壤充分混匀。

②春茶追肥：2 月下旬至 3 月上旬，每亩施用茶树专用有机无机复混肥（$N : P_2O_5 : K_2O : MgO=21 : 6 : 9 : 2$，有机质 ≥ 15%）45 千克，开浅沟 5~10 厘米施用或撒施后旋耕。

③秋茶追肥：7 月中旬至下旬，每亩施用茶树专用有机无机复混肥（$N : P_2O_5 : K_2O : MgO=21 : 6 : 9 : 2$，有机质 ≥ 15%）45 千克，开浅沟 5~10 厘米施用或撒施后旋耕。

（5）注意事项

①石灰质物料土壤调理剂粒径＜ 0.425 毫米。

②石灰质物料土壤调理剂避免与根系直接接触。

③土壤 pH 提高到 4.0 以上时，暂停使用石灰质物料土壤调理剂，增施有机肥以缓解土壤酸化。

④本技术模式改良酸化茶园所用的石灰质物料指的是包含钙、镁的氧化物、氢氧化物、碳酸盐等。本技术模式土壤调理剂推荐白云石粉或钙镁磷肥。

（6）技术依托单位

福建省农业科学院茶叶研究所（电话 0593–6610388）

6. 茶树专用有机无机复混肥

（1）总养分

$N+P_2O_5+K_2O \geqslant 36\%$（21–6–9）；$MgO \geqslant 2\%$；有机质 $\geqslant 15\%$；硫酸钾型。

（2）使用方法

①每亩年施用 100~120 千克。建议分 3 次施用，基肥 40~48 千克 / 亩，春茶追肥 30~36 千克 / 亩，夏秋茶追肥 30~36 千克 / 亩。具体用量及施用次数可根据地力条件、目标产量及采摘习惯适当调整。

②条施、沟施或撒施覆土。结合降雨施用，效果更佳。

用户可结合当地土壤和茶叶生产实际情况，在当地农技部门的指导下使用。

（3）技术特点

①配方科学、均衡营养：根据茶树生长发育规律和需肥特性，氮、磷、钾配比科学；结合种植区域茶园土壤供肥特点，特别添加硫、镁等中微量元素，营养均衡。

②有机无机、增产提质：有机无机配合，延长养分释放，提高肥料利用率。与施用等量等养分比例的通用三元复合肥对比，有利于茶叶产量与品质的形成，提早春茶萌发，提高新梢持嫩性与产量，改善茶叶品质。

③改良土壤、培肥地力：富含腐植酸天然有机组分，长期施用可改善土壤团粒结构，缓解土壤酸化板结，活化土壤养分，增强茶园保水保肥能力。

（四）茶园全程机械化管理技术

1. 技术概述

（1）技术基本情况

茶园机械化管理技术包括机械化耕作、除草、施肥、修剪、虫害防控和采摘。茶园生产机械化程度低，长期依赖人工作业，已经成为我国茶叶产业发展的瓶颈。综合自然地理条件、机械化作业特点及农机农艺融合需求等因素，针对不同地形茶园特点，选择相应的机械化作业技术。

（2）示范推广情况

该技术具有完全自主知识产权，已在云、贵、皖、苏、浙等 22 个茶叶主产省应用达到 210.13 万亩次，累计为茶场、茶农节本增效 8.97 亿元，经济、社会和生态效益显著，为我国茶园生产全程机械化提供了重要的技术支撑。

（3）提质增效情况

同人工作业相比，机械化耕作、除草效率可提高 8~10 倍，机械化施肥效率可提高 5~10 倍，肥料利用率提高 50%，机械化修剪效率可提高 10~20 倍，修剪成本降低 30%，物理防控虫害降低农药使用率超过 50%，机械化采摘效率提高 15~40 倍，适制率提高 14%，每亩新增纯收益高达 880.23 元，推广投资年均纯收益率达 3.3%。

2. 技术要点

（1）机械化耕作

机械化耕作包括浅耕、中耕、深耕。

①浅耕：2 月中旬至月底，结合春茶催芽肥进行春茶前耕翻，深度 10 厘米左右，朝阳坡先耕作、阴坡后耕作。春茶结束后 5 月底前进行第二次浅耕，深度 10 厘米左右。

②中耕：一般在春季茶芽萌发前进行，早于施催芽肥的时间，耕深 10~15 厘米。

③深耕：秋茶结束后进行深耕，深度 20~30 厘米，茶行中间深、两边浅。作业时应旋碎土块，平整地面，不能伤茶根和压伤茶树。

适用机械：小型茶园除草机、中耕机，乘用型茶园多功能管理机配套中耕除草、旋耕机等。

（2）机械化施肥

茶园施肥应根据测土结果实行配方施肥，以成品有机肥为主，配置相应的化肥。

①施基肥：秋茶结束后深施在茶行中间，深度20厘米左右。新开垦茶园可进行开沟施肥，沟深20~25厘米。

②追肥：追肥可与耕作联合作业。春、夏、秋三季施肥，比例为5∶3∶2，施肥深度10~15厘米。

③叶面施肥：一般在茶叶开采前30天进行，宜避开烈日于傍晚喷施，喷施后24小时无降雨。

适用机械：开沟、施肥、覆土一体机，乘用型施肥机等。

（3）机械化修剪

包括定型修剪、整形修剪、重修剪和台刈。

①定型修剪：对幼龄茶树进行三次定型修剪，培养丰产树冠。

②整形修剪：分为轻修剪和深修剪。

轻修剪：对已经投产的茶园进行轻修剪，每年春茶或夏茶结束后进行。

深修剪：对投产多年、树冠鸡爪枝多，或因受严重冻寒的茶园进行深修剪，剪后骨架高度保持40~50厘米。

③重修剪：修剪离地面35~45厘米以上树冠，在5月底前进行。

④台刈：将衰老茶树地上部分枝条在离地5~10厘米处全部割去，一般在春茶后或秋后进行。

适用机械：选用单人或双人修剪机、修边机、重修机、台刈机等。

（4）机械化虫害防控

机械化虫害防控主要包括灯光诱集、色板诱杀、负压捕捉等方式。

①灯光诱集：一般采用频振式诱虫灯，控制面积30~50亩/盏，呈棋盘状分布，灯距保持在120~200米，安装高度距离地面1.3~1.5米，每天开灯6~8小时为宜。

②色板诱杀：在茶园安装黄蓝色板进行诱杀，平均20~25张/亩，悬挂高度春季、秋季以色板底端低于茶梢顶端30厘米左右，夏季以接近或不高于茶梢顶端50厘米为宜。

（5）机械化采摘

福建茶类多样性和品种丰富性，以及多种植在山地丘陵的特点，决定了在福建推广机械采摘的艰巨性和复杂性。据统计，2018年福建省茶园面积为316.34万亩，占福建陆域面积1.7%，其中90%以上茶园建在山地丘陵。栽培超过10万亩的品种有福云6号、铁观音、水仙、福鼎大毫、福安大白、金观音、白芽奇兰及梅占，生产有乌龙茶（51.60%）、白茶（6.17%）、红茶（11.72%）和绿茶（30.16%）等，大宗红绿白茶和乌龙茶宜推广机采。

①园地选择。机采茶园必备的基础条件主要包括园地地形、道路、种植方式的规划设计，适宜机采品种的选择，树冠形状的确定等。要选择平地或缓坡地，地域平整。理想的定植标准是：单株条栽，行距1.5~1.8米，株距0.3米，行长30~40米。种植后3年内进行3次定型修剪，以促进树冠早日养成；成园后茶树行间修边后留有0.2米左右行走通道，便于机手行走和安全操作。

②品种的选择。适宜机采的茶树良种，应具发芽能力强且整齐，芽头粗壮（芽重型），节间长、叶片呈直立状等特点。既要耐采，又便于机采。同时，为避免采制过于集中和品种过分单一，还要考虑早、中、晚品种的合理搭配。比较适于机采的品种有福鼎大白茶、水仙、白芽奇兰、大叶乌龙、毛蟹、梅占等。

③树冠培养。修剪的目的是控制茶树高度和树冠面整齐，包括修剪周期和方法选择两方面。年周期修剪组合：春茶整枝剪，春茶后轻修剪，夏茶后整枝剪，秋茶后整枝剪，对于青壮龄茶园，这种组合修剪方法可连续循环进行3年。

改造修剪：整枝剪与轻修剪连续循环进行3年后，需进行一次深修剪，深修剪连续进行2次后，需进行一次重修剪，重修剪连续循环2次后，需进行台刈或换种改植。

在现行的栽培管理条件下，机采茶园的修剪技术规范应为：年年轻修剪，5年左右一次深修剪，10~15年一次重修剪，20~30年一次台刈改造，茶树的经济年龄为40~60年。

④适当重肥。机采批次少，采摘强度大，养分消耗集中，生理机能损伤严重。因此，重施化肥是机采茶园的施肥要点之一。施肥水平按每100千克鲜叶施纯氮4千克，并注意磷、钾肥和其他微量元素的配合比，有机肥和无机肥的配合使用。

⑤采摘与留养。采摘：最佳的适采期是，春茶标准新梢达80%左右，夏秋茶60%左右。

留养：茶树连续几年机采后，叶层变薄，叶面积指数下降，载叶量减少，影响茶树的正常生长。每隔两年留蓄一季秋梢，能有效地改善叶层质量，降低新稍密度，增加芽重，既有助于提高鲜叶产量，又有利于改善鲜叶质量。这对于增强机采茶树的长势，防止早衰，延长高产稳产年限无疑是有益的。

适用机型：单、双人采茶机，乘用型采茶机，智能电动仿生采茶机等。

3. 适宜区域

适用于横向坡度小于 5°，规划机耕道、机械掉头区域等机械化作业条件的茶园。

4. 注意事项

①作业机手应认真阅读农机具说明书，掌握安全操作、维修与保养规程。

②按标准、适期机剪和机采。

③注意喷施农药安全间隔期，避免安全间隔期内采茶。

④机械修剪时可结合修边和除草同时进行，杜绝使用除草剂。

⑤施肥机作业不得后退，必须后退时，应将施肥机排肥器暂时关闭。

⑥在茶园标准化建设、种植模式、茶园管理、统一修剪、采摘等方面，一定做到农机与农艺技术的高度融合。

5. 依托单位

农业农村部南京农业机械化研究所（联系人：肖宏儒，电子邮箱：xhr2712@sina.com），福建省农业农村厅种植业技术推广总站（联系人：何孝延，电子邮箱：fjchaye@sina.com）

（五）茶树新品种金牡丹及其化肥减施增效栽培技术

1. 技术概述

（1）技术基本情况

针对福建省广大山地丘陵地区茶叶生产上大面积栽培的当家品种综合性状欠佳、适制性不广、制优率不高、化肥过量施用造成土壤有机质含量持续下降、环境污染、品质降低等不能适应市场发展需求，严重制约茶产业健康可持续发展的突出问题，研究及集成示范形成"茶树新品种金牡丹及其化肥减施增效栽培技术"。

首先，金牡丹茶树新品种综合性状优异，适制性广，制优率高，制乌龙茶香气馥郁幽长，滋味醇厚回甘，韵味显，香气、制优率均显著超过铁观音，制绿茶、红茶、白茶，条索紧细，香高爽，花香显，味醇厚，耐冲泡。示范推广金牡丹茶树新品种，解决了多地当家品种综合性状欠佳、适制性不广、制优率不高的问题。

其次，集成及示范金牡丹茶树新品种化肥减施增效技术，可以达到肥料（养分）用量减少、茶叶品质改善、减少环境污染的目标。示范试验表明，施用茶树专用肥，茶鲜叶中游离氨基酸总量升高，茶多酚含量降低，可以进一步提升鲜叶及制茶品质，并有效提高土壤有机质含量、有效降低环境污染。

（2）技术示范推广情况

金牡丹茶树新品种加工制作的乌龙茶、红茶茶产品屡获"中茶杯""国饮杯""闽茶杯"以及地方各种名优茶评比特等奖、金奖、一等奖等，目前已在福建各产茶县市及浙、苏、川、渝、黔、粤等省市大面积推广，仅福建省已推广5万余亩，已位居省内茶树杂交创新品种推广面积第2位。

金牡丹茶树新品种及其配套化肥减施增效栽培技术已在福安、邵武等地建立示范基地，并在武夷山、霞浦、福鼎、顺昌等地辐射推广。

图4-38　金牡丹化肥减施增效栽培技术示范基地

（3）提质增效情况

金牡丹茶树品种开采期比铁观音早 10 天左右，比黄旦迟 2~3 天，为早生种。金牡丹杂种优势强，分枝数和发芽密度较密，芽叶生育力强，嫩梢肥壮，持嫩性特强，叶色深绿或绿，产量超过父母本。福安品系比较试验点春茶一芽二叶干样含氨基酸 2.3%、茶多酚 30.8%、咖啡碱 4.2%。成茶外形重实、香精油含量特高。福建茶区一芽三叶盛期一般在 4 月上旬中，产量高，每亩产乌龙茶可达 150 千克以上，制乌龙茶品质优异，香气馥郁芬芳，滋味醇厚甘爽，韵味显，制优率高，扦插繁殖力强，成活率高。

福安是我国十大产茶县（市）之一、坦洋工夫红茶发祥地、全国最大的茶树良种繁育基地。福安繁育金牡丹新品种的苗木年均 2000 万株以上，辐射带动福建全省和浙、苏、川、渝、黔、粤等省区大面积繁育推广新品种，较繁育福云 6 号、福安大白茶、福鼎大白茶的苗木增效 2 倍以上。金牡丹等高香优质新品种的推广应用，改变了以福安大白茶、福云 6 号为当家种的格局，新品种茶园面积由 2002 年前的不足 10% 增至 2020 年的 20%。金牡丹等新品种品质优异，所制的坦洋工夫红茶其干茶、冲泡茶都具有优雅的花果香，这是其他品种所没有的。新品种的推广应用极大地推进福安市"坦洋工夫"品质创新、品牌建设和红茶产业的发展。坦洋工夫从 2002 年的 300 吨增至 2020 年的 2 万余吨，产值从不足 600 万元增至 10 亿余元，而且引领了国内红茶消费市场。

此外，在武夷山、蕉城、寿宁、福鼎、柘荣、霞浦、泰宁、大田、晋安，以及浙江龙泉、江西上饶、重庆荣昌、江苏宜兴等地建立金牡丹茶树新品种示范基地。

金牡丹茶树新品种化肥减施增效栽培技术可以进一步提升茶树鲜叶及制茶品质，并有效提高土壤有机质含量、有效降低环境污染，可以达到肥料（养分）用量减少、茶叶增产、茶叶品质提升的目的。结合深耕技术，肥料利用率可以得到显著提高，并可避免土壤板结，提高土壤蓄水保墒能力，土壤肥力提高，水土流失减少。实施金牡丹茶树新品种及其化肥减施增效栽培技术可进一步强化新品种在服务茶产业、培育茶产业、提升茶产业中的支撑和引领作用，可以促进茶产业绿色发展、节本增效和转型升级。

2. 技术要点

（1）金牡丹茶园化肥减施增效技术

①养分总量控制。推荐施肥量见表 4-6。推荐的化肥总用量比全省习惯施肥平均用量减少 9%~49%。

②肥料组合。

表 4-6　推荐肥料组合与用量

推荐肥料组合与用量（1）（千克／亩）			推荐肥料组合与用量（2）（千克／亩）	推荐肥料组合与用量（3）（千克／亩）	
三元复合肥	尿素	硫酸钾镁肥	专用肥	商品有机肥	专用肥
40~50	20~30	6~8	100~120	175~215	75~90

注：表中三元复合肥为 $N：P_2O_5：K_2O=15：15：15$；硫酸钾镁肥为 $K_2O：MgO=24：6$；茶树专用肥为 $N：P_2O_5：K_2O：MgO=21：6：9：2$，有机质 $\geqslant 15\%$，或相近配方。

③施用方法。

肥料组合（1）：基肥，三元复合肥、硫酸钾镁肥为全年用量；春茶追肥、秋茶追肥分别按尿素全年用量的 50%、50% 施用。

肥料组合（2）：基肥，茶树专用肥全年用量的 40% 施用；春茶追肥、秋茶追肥分别按茶树专用肥全年用量的 30%、30% 施用。

肥料组合（3）：基肥，全部商品有机肥；春茶追肥、秋茶追肥按茶树专用肥全年用量的 50%、50% 施用。

基肥在茶树行间开沟 15~20 厘米或结合深耕施用；追肥开浅沟 5~10 厘米施用或撒施后旋耕。

（2）新茶园建立或旧茶园改造

①深翻改土：新茶园建园或旧茶园改造时，应全园深翻，深垦 50 厘米以上。挖种茶沟深、宽各 40 厘米。pH 低于 4.0 的酸性土壤，可施用白云石粉、石灰等物质调节 pH 到 4.5~5.5；pH 高于 6.0，则使用生理酸性肥料调节。山顶茶园土壤浅薄，肥力低，更应深挖重肥，改良土壤。

图 4-39　茶园深翻改土

②底肥施用：杂交种金牡丹杂种优势强，产量超过父母本，需肥量大，耐肥。因此，以有机肥和矿物源肥料为底肥，种植前开沟深施，每亩施沤堆发酵过的饼肥 500 千克或厩肥 2500 千克左右，结合施过磷酸钙或钙镁磷肥 50 千克左右，与土壤拌和混合，施肥深度 30~40 厘米。

③建立排灌系统：水分影响茶树的成活、生长发育和产量与品质，干旱季节应注意茶园的灌溉，补充水分。茶园梯层内侧设横沟蓄水，山顶、园边、路边、陡坡荒地设置蓄水池，建立以蓄为主的排灌系统。有条件的茶区铺设喷灌或滴灌设备，实施节水灌溉。

图 4-40　茶园排灌

④植树种草：在茶园四周、空隙地、山顶、风口、路边、梯壁、陡坡荒地植树种草，种草与种植绿肥作物相结合，防止水土流失，调节茶园小气候，丰富生物多样性，改善茶园生态环境。山顶与风口茶园风蚀、雨蚀程度严重，应种植、培育大树，且适度密植，以减轻风蚀、雨蚀危害。

⑤规范化种植：根据当地气候条件和茶园的海拔高度，选择宜栽天气种茶，以提高成活率。宜在雨季或下雨前种植，不宜在霜冻期或炎热晴天种植。福建茶区一般在春节前后种植为宜，海拔600米以上的高海拔茶区春季种植为好，且应注意预防晚霜冻害。金牡丹树姿直立，应缩小行距，增加种植密度。采用双条列双株种植，大行距150厘米（含条距），条距30厘米，穴距30厘米，穴与穴成三角形。每穴种1~2株，每亩一般种植5000~5500株。种植时茶苗根茎处离土表3厘米左右，根系离基肥5~10厘米。种后务必踩紧压实，让根系与土壤紧密黏结。如遇连续数天高温晴天，或者种植在沙质土壤茶园，种后需灌水、遮阳。

图4-41　金牡丹新植茶园

⑥铺草覆盖：铺草覆盖茶园，幼年期树生长状况显著优于未铺草覆盖茶园。铺草覆盖是十分经济、有效、实用的技术措施，能防止土壤冲刷流失，保蓄水分，稳定土温，冬暖夏凉，增加有机质，减少杂草。

⑦病虫草害防治：遵循"预防为主，综合治理"方针，实施以生防为主的农业、物理、生物、化学综合防治措施，及时防治病虫害、草害。创造不利于病、虫、草等有害生物滋生，而有利于各类天敌繁衍的环境条件，有效控制病虫草害，严防农药残留量超标。

图 4-42 铺草覆盖

图 4-43 绿色防控茶园

图 4-44 茶园覆膜除草

⑧树冠培育：种植后即进行第一次定型修剪，离地 18~20 厘米高；第二次定剪高度 33~35 厘米；第三次定剪高度 48~50 厘米；当树高达 60 厘米左右，以打顶采代替第四次定剪。两年内定剪 3~4 次。每次定剪前可结合打顶采摘，剪后封园留养，培养"矮、壮、密"树冠。

3. 适宜区域

全省茶区。

4. 注意事项

适当嫩采，注意培养"矮、壮、密"树冠，防止茶树早衰。

5. 技术依托单位

福建省农业科学院茶叶研究所（联系人：王让剑，电子邮箱：wangrj@faas.cn）

参考文献

[1] 熊皓丽，周小成，汪小钦，等 . 基于 GEE 云平台的福建省 10M 分辨率茶园专题空间分布制图 [J]. 地球信息科学，2017，23(7):1339–1351.

[2] 曾明森，吴光远 . 福建省茶树主要病虫害的发生及其防治技术 [J]. 福建农业科技，2007(5):103–106.

[3] 唐美君，王志博，郭华伟，等 . 茶尺蠖和灰茶尺蠖幼虫及成虫的鉴别方法 [J]. 植物保护，2019，45(4):172–175.

[4] 姚颂恩 . 福建茶树生长的地理环境与茶业可持续发展 [J]. 茶叶科学技术，2000(2):6–9.

[5] 刘宜渠，余文权，高峰，等 . 优质高效茶园建造与培育 [M]. 福州 : 福建科学技术出版社，2002.

[6] 曾明森 . 茶园虫害识别与生态调控技术手册 [M]. 北京 : 中国农业科学技术出版社，2018.

DB35/T 1322—2013
生态茶园建设与管理技术规范（节选）

4 茶园选择与规划

4.1 茶园选择

4.1.1 生态环境良好、空气清新、水源清洁、土壤未受污染，空气、水质和土壤的各项污染物质的含量限值均应符合 NY 5020 的要求；应控制和减少对原地貌、植被、水系的扰动和损毁，选址应符合 GB 50433 的有关规定。

4.1.2 避开都市、工业区和交通要道。远离排放有害物质（包括有害气体）的工厂、矿山、作坊、土窑等污染源。

4.1.3 园地林木植被保存较好，形成天然的遮阴和防风带。

4.2 茶园规划

4.2.1 茶园林、草的留护与种植

4.2.1.1 保护原地表植被及表土层，选址与建设应符合 GB 50433 的有关规定。

4.2.1.2 茶园合理保留原有林木，或根据要求种植林木。在上风口保留或种植防护林带，在茶园种植地与非茶种植地之间保留或种植隔离林带和草带。

4.2.1.3 茶园园内道路、沟渠两侧或一侧种植行道树。

4.2.1.4 丘陵或低山地茶园，园内空地种植深根系遮阴树，且不与茶树共生病虫害，遮阴率控制在 20%~30%。

4.2.1.5 行道树、防护林、隔离林和遮阴树宜选择适应当地气候的树种。

4.2.1.6 茶园园内地表裸露、荒秃的空地和梯壁等地应保留自然植被或种植绿肥,增加茶园地表覆盖率,地表覆盖率要求达75%以上;茶行间合理间(套)作绿肥。

4.2.2 茶园基础设施建设

4.2.2.1 园地坡度 15° 以下的缓坡按等高线布置茶行, 15° ~25° 的山坡应开成水平梯田。梯面宽度 ≥ 1.5m,梯壁要求坚固紧实。

4.2.2.2 坡地茶园主干道连接园外公路, 路面宽 5~7m,支道与主干道相连,路面宽 3~5m;在茶行与支道之间,设置步行道,路面宽 1.5m 左右;坡地茶园道路应按"之"字形或"S"形绕山开筑。

4.2.2.3 建立完善的排灌系统,做到能蓄能排,有条件的茶园建立节水灌溉系统。

4.2.2.4 茶园与周边荒山、林地及农田交界处开设隔离沟,沟深、沟宽 60~100 cm。

4.2.2.5 茶园排水沟与蓄水池相连接,并在连接处设沉沙池。园面呈外高内低,内侧开设竹节沟,山凹及道路两侧修建排水沟。

4.2.2.6 茶园按每亩 1~2m³ 的需水量设置蓄水池。

4.2.2.7 茶园建设过程中水土流失防治除应符合 GB 50433 的基本规定外,还应达到现行 GB 50434 的要求,有效控制水土流失。

4.2.3 茶树良种的搭配种植

4.2.3.1 选择适制相应茶类、适应当地种植的茶树良种。

4.2.3.2 面积 ≥ 100 亩的茶园,应合理搭配种植早、中、晚生茶树良种,主导品种 2~3 个。

5 茶园管理

5.1 新植茶园

5.1.1 种植时间

5.1.1.1 春季:2 月下旬至 3 月上旬,秋季:10 月下旬至 11 月下旬。

5.1.1.2 雨季种植为好,热旱期及霜冻期不宜种茶。秋冬季常出现干旱或低温霜冻的茶区,宜早春种植。

5.1.2 种植方式

5.1.2.1 单条栽适于陡坡窄幅梯坎茶园，丛距 25cm，每丛种茶苗 1~2 株，每亩种植茶苗 2500~4500 株。

5.1.2.2 双条栽适于缓坡或宽幅梯坎茶园。行距 150~180cm，条距 30~40cm，丛距 35cm，两小行茶丛交叉排列。每丛种植茶苗 1~2 株，每亩种植茶苗 4000~5500 株。

5.1.3 底肥

茶行确定后，开种植沟，沟深、宽 40~50cm，种植沟内施足底肥，每亩施腐熟厩肥等有机肥 3000~5000kg，加饼肥 200~250kg，过磷酸钙 50~100kg，与底土拌匀，施肥后覆土 20cm。

5.1.4 栽植

种植时根系收拢向下，覆土应埋没根茎处，种植后压紧踏实表土。栽植后及时铺草覆盖，抗旱保苗。覆盖材料可用茅草、秸秆等，每亩用量 1000kg。

5.2 土壤管理

5.2.1 土壤深厚、松软、肥沃，树冠覆盖度大的茶园可实行减耕或免耕。一般茶园采取浅耕与除草、追肥相结合，深耕与施基肥相结合。

5.2.2 每年中耕除草 2~3 次，保持茶园土壤疏松和无杂草。在各茶季茶芽萌发前的晴天进行，杂草晒干后覆盖土表或翻埋入土。

5.2.3 浅耕一般深 5~10cm，中耕 10~15cm，深耕 20~30cm，浅耕和中耕结合各季的除草与追肥进行，深耕结合清园埋压杂草和施用有机肥进行，每年或隔年进行 1 次。

5.3 肥培管理

5.3.1 施肥时间

追肥一般在各茶季采摘前 30~40 天施用，或在茶芽萌发前 1 周施用，全年 3~4 次；基肥一般结合秋冬季深耕时施用。

5.3.2 肥料种类

基肥以有机肥为主，配施磷、钾肥；追肥可选用复合肥、速效氮肥或生物肥、有机复合肥等。畜禽肥等农家肥使用前须经无害化处理，原则上就地生产使用，外来可疑农家肥须检验合格后方可使用。

5.3.3 施肥量与配比

幼龄茶园氮磷钾肥比例以 2：1.5：1 为宜，每亩施用全氮量 5~10kg。采摘茶园提高氮肥比重，氮磷钾比例一般掌握在（2~4）：1：1。施肥量具体可根据土壤肥力状况和生产茶类适当调整比例，开展测土配方施肥。

5.4 树冠管理

5.4.1 定型修剪

对幼龄期茶树或台刈更新后茶树可实行定型修剪。幼龄茶树进行 3~4 次定型修剪，第一次修剪在离地 18~20cm 处，此后每次定型修剪剪口比上一次修剪提高 15cm。剪后要结合耕锄、肥培管理、病虫害防治等。

5.4.2 轻修剪

轻修剪每年可进行 1~2 次，宜在春茶及秋茶生产结束后进行，轻修剪应结合边行修剪，保持茶行间隙，以利于作业和透光。

5.4.3 深修剪

对投产多年、树冠产生大量鸡爪枝的茶园，或蓬面枝叶枯焦、脱叶的茶园，应采用深修剪方式进行树冠改造；修剪时间为立春前或春茶采摘后；修剪深度在蓬面下 10~15cm。

5.4.4 重修剪

对树势日趋衰退、产量逐步下降的投产茶园可采用重修剪，宜在春茶后至 5 月底前进行。衰老茶树一般剪去树冠高的 1/2~1/3，重新培育树冠。剪后应立即增施有机肥，每次施菜饼或有机复合肥 100kg。

5.4.5 台刈

用于树势严重衰老的茶园；宜在春茶后进行；将衰老茶树地上部分枝条在离地 5~10cm 处全部刈去，重新全面塑造树冠。

5.4.6 剪后管理

修剪枝叶留在园内培肥土壤。病虫枝条和粗干枝应清除出园。重修剪或台刈茶园应在剪后立即增施有机肥。

5.4.7 留养

树冠改造后的茶园应加强留叶养蓬，加快形成投产树冠。深修剪后茶园应在

2~3 个茶季内实行打顶采，每季留大叶 1~2 叶。重修剪后茶园，当年夏、秋茶留养不采，秋末对离地 45~50cm 新枝进行打顶采。台刈茶园参照幼龄茶园管理。

5.4.8 合理采养
投产茶园应采养结合，茶树叶层厚度保持在 15~25cm。

5.4.9 其他修剪
对茶园内树木、草及绿肥植物进行合理修剪，不影响茶树正常生长。

6 病虫害综合防治要求

6.1 防治原则
遵循"预防为主、综合防治"的方针，从茶园整个生态系统出发，综合运用农业防治、生物防治、物理防治和适量适度的化学防治等各种防治措施，创造不利于病虫草等有害生物滋生和有利于各类天敌繁衍的环境条件，保持茶园生态系统的平衡和生物的多样性，将有害生物控制在允许的经济阈值以下，农药残留限量在规定标准的范围内。

6.2 植物检疫
6.2.1 新植茶树苗木质量应符合 GB 11767—2003 的要求或有关地方标准的要求。

6.2.2 新植茶树苗木、树木、草种及绿肥应无严重病虫害及检疫性病虫。

6.3 病虫草害防治措施
6.3.1 农业防治
选用抗病虫性较强的茶树品种种植，合理耕作施肥，及时分批采摘，科学修剪并适时锄草，秋冬季疏枝清园，结合深翻，拣除越冬虫蛹。

6.3.2 物理防治

6.3.2.1 人工捕杀
茶毛虫、茶尺蠖、茶蚕、蓑蛾类、卷叶蛾类、茶丽纹象甲等目标明显和群集性强的害虫可直接捕杀。

6.3.2.2 灯光诱杀
利用灯光诱杀茶尺蠖、油桐尺蠖、茶黑毒蛾、茶毛虫等趋光性明显的害虫。

6.3.2.3 色板诱杀

应用诱虫板诱杀茶小绿叶蝉、黑刺粉虱等。

6.3.2.4 食饵诱杀

利用害虫的趋化性以饵料诱杀害虫。

6.3.3 生物防治

保护茶园中的捕食性和寄生性天敌，如蜘蛛、瓢虫、捕食螨和寄生蜂等。使用生物农药，如微生物源农药、植物源农药和动物源农药。

6.3.4 化学防治

使用农药应严格遵循 GB 2763、GB 26130 和 NY 5244 的规定，不得使用国家明令禁止在茶树上使用的农药，应严格执行农药安全间隔期。

DB35/T 1977—2021
改良茶园土壤用大豆种植规范（节选）

■ 4 茶园土壤肥力判断

4.1 测土方法

种植前茶园宜测定土壤养分状况，土壤 pH 的测定方法按 NY/T 1121.2 执行，有机质含量测定方法按 NY/T 1121.6 执行，速效磷含量测定方法按 NY/T 1121.7—2014 中 5.3 执行，碱解氮含量测定方法按 LY/T 1228 执行。

4.2 土壤肥力等级

依据测定结果，茶园土壤肥力可分为三个等级，具体见表 1。

表 1 茶园土壤肥力等级

肥力等级	养分范围
贫瘠土壤	有机质含量小于 1%，速效磷含量小于 50mg/kg，碱解氮含量小于 50mg/kg
中等肥力土壤	有机质含量 1%~2%，速效磷含量 50~100mg/kg，碱解氮含量 50~100mg/kg
高肥力土壤	有机质含量大于 2%，速效磷含量大于 100mg/kg，碱解氮含量大于 100mg/kg

■ 5 大豆品种选择

5.1 总体要求

选用已通过国家（南方区域）或经福建省农作物品种审定委员会审定，适应茶园酸性土壤生长的养分高效大豆品种，大豆种子质量应符合 GB 4404.2—2010 中 4.2.1 的要求。大豆要求具体见表 2。

表 2　大豆品种要求

播种时间	茶树高度	宜栽大豆特点	推荐大豆品种
2~5 月	小于 50cm	耐低温、株高较矮、速生快发、生物量较大的养分高效春大豆	华春 6 号
	大于 50cm		华春 6 号、桂夏豆 2 号
5~7 月	小于 50cm	株高较矮、生物量较大的养分高效春大豆或夏大豆	华春 6 号、华夏 1 号、桂夏豆 2 号
			华春 6 号
	大于 50cm	株高较高、生物量较大的养分高效夏大豆	华夏 1 号、华夏 3 号、桂夏豆 2 号
			华夏 1 号、桂夏豆 2 号

5.2 高度要求

选用大豆株高宜在 80~120cm。

5.3 生育期要求

选用的大豆品种生育期宜在 90~110 天。

5.4 株型要求

选用分枝多、株型收敛且直立型的大豆品种，不宜选用匍匐型与爬藤型大豆品种。

5.5 耐阴性要求

选用有一定耐阴性的大豆品种。

6　播种前准备

6.1 茶园土壤养分测定

播种前宜测定茶园土壤养分，详见表 1。

6.2 茶园选择

茶树冠行间距应在 30cm 以上，阳光能够直晒茶行中间地面。灌木型茶树品种（如肉桂、铁观音等），茶树冠行间距至少达 30cm；小乔木型茶树品种（如水仙、梅占等），茶树冠行间距至少达 40cm。对于不满足茶树冠行间距的茶园应修剪后再种植大豆。

6.3 除草

播种前应适当除草，结合整地，清除杂草后再播种。

7 大豆施肥

7.1 沟施或穴施

肥料作为基肥，沟施或穴施；或结合整地一次性施入，不应直接撒施在土壤表面。

7.2 位置

在茶行中间开施肥沟。

7.3 深度

施肥沟深 15~20cm，宽 10cm 左右。

7.4 施肥方法

大豆施肥方法因土壤肥力状况而异，具体见表3。

表 3　大豆种植施肥方法

肥力等级	茶园类型	大豆种植施肥方法
贫瘠土壤	非有机茶园	每亩 10kg 尿素、5kg 硫酸钾作为基肥，拌种 20kg 钙镁磷肥，或每亩 20kg 复合肥（N∶P∶K ≈ 3∶1∶1.5，N+P+K > 30%）作为基肥，拌种 10kg 钙镁磷肥
	有机茶园	每亩 50kg 茶树专用有机肥（有机质 > 45%，N+P+K > 15%）作为基肥，拌种 10kg 钙镁磷肥
中等肥力土壤	非有机茶园	每亩 10kg 复合肥（N∶P∶K ≈ 3∶1∶1.5，N+P+K > 30%）作为基肥，拌种 5kg 钙镁磷肥
	有机茶园	每亩 30kg 茶树专用有机肥（有机质 > 45%，N+P+K > 15%）作为基肥，拌种 5kg 钙镁磷肥
高肥力土壤	非有机茶园	不需要施基肥，但茶园土壤 pH 值小于 5.5，每亩需拌种 5kg 的钙镁磷肥
	有机茶园	不需要施基肥，但茶园土壤 pH 值小于 5.5，每亩需拌种 5kg 的钙镁磷肥

7.5 覆土

施肥后覆盖 2~3cm 的细土再播种大豆。

8 接种根瘤菌

8.1 菌剂要求

根瘤菌菌剂应符合 NY 410 的要求。

8.2 拌种

拌种时先将菌剂倒入适合的容器内，加入适量的水，加水量以轻握菌剂不滴水为宜。按 5kg 大豆配 0.2kg 菌剂的比例混匀，以大豆表皮裹上一层薄而均匀的菌剂为宜。拌种后的种子应放在阴凉处，即拌即播。

9 大豆播种

9.1 播种时间

宜选择在下雨后，当地最低温度维持在 15℃ 以上时播种大豆为宜。对于修剪的茶园，可在茶园修剪后半个月内进行大豆播种。如遇干旱，播种后应及时适量浇水。

大豆具体播种时间见表 2。

9.2 播种方法

大豆播种方法具体见表 4。

表 4　大豆播种方法

茶园条件	采取方法	具体方法
施基肥或翻耕的茶园	点播	施肥沟覆土后，茶行间种植 1 行大豆，大豆与茶树间距为 15cm 以上，大豆播种株距为 30cm，直接点播 2~3 粒已拌根瘤菌的大豆，然后覆土
不施用基肥或不翻耕的茶园	穴播	茶行间种植 1 行大豆，大豆与茶树间距 15cm 以上，大豆播种株距为 30cm，挖宽和深为 5cm 左右的小穴，每穴播 2~3 粒已拌好根瘤菌的大豆，然后用周围的细土覆盖，不应用大土块直接盖住种子，覆土厚度为 2~3cm

■ 10 田间管理

10.1 大豆补苗

如遇干旱或严重病虫害时，可适当地进行补苗，补苗时间在大豆出苗后两周以内为宜。

10.2 病虫害防治

按茶树病虫害管理。

■ 11 大豆压青

11.1 压青时间

在大豆种植后 70~80 天，大豆处于盛花期或鼓粒期时压青。

11.2 压青方式

人工或小型旋耕机压青。压青可结合翻地，把大豆秸秆埋进土壤。

禁限用农药名录

《农药管理条例》规定，农药生产应取得农药登记证和生产许可证，农药经营应取得经营许可证，农药使用应按照标签规定的使用范围、安全间隔期用药，不得超范围用药。剧毒、高毒农药不得用于防治卫生害虫，不得用于蔬菜、瓜果、茶叶、菌类、中草药材的生产，不得用于水生植物的病虫害防治。

一、禁止（停止）使用的农药（46 种）

六六六、滴滴涕、毒杀芬、二溴氯丙烷、杀虫脒、二溴乙烷、除草醚、艾氏剂、狄氏剂、汞制剂、砷类、铅类、敌枯双、氟乙酰胺、甘氟、毒鼠强、氟乙酸钠、毒鼠硅、甲胺磷、对硫磷、甲基对硫磷、久效磷、磷胺、苯线磷、地虫硫磷、甲基硫环磷、磷化钙、磷化镁、磷化锌、硫线磷、蝇毒磷、治螟磷、特丁硫磷、氯磺隆、胺苯磺隆、甲磺隆、福美胂、福美甲胂、三氯杀螨醇、林丹、硫丹、溴甲烷、氟虫胺、杀扑磷、百草枯、2，4- 滴丁酯

注: 氟虫胺自 2020 年 1 月 1 日起禁止使用。百草枯可溶胶剂自 2020 年 9 月 26 日起禁止使用。2,4- 滴丁酯自 2023 年 1 月 29 日起禁止使用。溴甲烷可用于"检疫熏蒸处理"。杀扑磷已无制剂登记。

二、茶叶上禁止使用的农药（16 种）

通用名	禁止使用范围
甲拌磷、甲基异柳磷、克百威、水胺硫磷、氧乐果、灭多威、涕灭威、灭线磷	禁止在蔬菜、瓜果、茶叶、菌类、中草药材上使用，禁止用于防治卫生害虫，禁止用于水生植物的病虫害防治
内吸磷、硫环磷、氯唑磷	禁止在蔬菜、瓜果、茶叶、中草药材上使用
乙酰甲胺磷、丁硫克百威、乐果	禁止在蔬菜、瓜果、茶叶、菌类和中草药材上使用
氰戊菊酯	禁止在茶叶上使用
氟虫腈	禁止在所有农作物上使用（玉米等部分旱田种子包衣除外）

茶园登记农药品种及使用要求

登记名称	毒性等级	农药类别	作用类别	防治对象	安全间隔期（参考）
百菌清	低毒	化学农药	杀菌剂	炭疽病	10 天
苯醚甲环唑	低毒	化学农药	杀菌剂	炭疽病	14 天，每季最多施药 3 次
吡丙·虫螨腈	中等毒	化学农药	杀虫剂	茶小绿叶蝉	14 天，每季最多施药 1 次
吡虫·噻嗪酮	低毒	化学农药	杀虫剂	茶小绿叶蝉	
吡虫·仲丁威	低毒	化学农药	杀虫剂	茶小绿叶蝉	
吡虫啉	中等毒	化学农药	杀虫剂	茶小绿叶蝉	7 天，每季最多施药 2 次
吡蚜酮	低毒	化学农药	杀虫剂	茶小绿叶蝉	
吡唑醚菌酯	低毒	化学农药	杀菌剂	炭疽病	21 天
草铵膦	低毒	化学农药	除草剂	杂草	每季最多施药 1 次
草甘膦	低毒	化学农药	除草剂	杂草	每季最多施药 1 次
草甘膦铵盐	低毒	化学农药	除草剂	杂草	
草甘膦钾盐	低毒	化学农药	除草剂	杂草	
草甘膦异丙铵盐	低毒	化学农药	除草剂	杂草	
茶核·苏云菌	低毒	微生物源农药	杀虫剂	尺蠖	
茶皂素	低毒	植物源农药	杀虫剂	茶小绿叶蝉	

登记名称	毒性等级	农药类别	作用类别	防治对象	安全间隔期（参考）
赤·吲乙·芸苔	低毒	杂合	植物生长调节剂	调节生长	
虫螨·茚虫威	低毒	化学农药	杀虫剂	茶小绿叶蝉	
虫螨腈·氟啶虫酰胺	低毒	化学农药	杀虫剂	茶小绿叶蝉	7天，每季最多施药1次
虫螨晴	中等毒	化学农药	杀虫剂	茶小绿叶蝉	7天
除虫脲	低毒	化学农药	杀虫剂	茶尺蠖	7天，每季最多施药1次
哒螨·噻虫嗪	低毒	化学农药	杀虫剂	茶小绿叶蝉	
哒螨·茚虫威	低毒	化学农药	杀虫剂	茶小绿叶蝉	
哒嗪硫磷	低毒	化学农药	杀虫剂	害虫	7天
代森锌	低毒	化学农药	杀菌剂	炭疽病	
敌百虫	低毒	化学农药	杀虫剂	尺蠖、刺蛾	7天
敌敌畏	中等毒	化学农药	杀虫剂	食叶害虫	6天
丁醚·茚虫威	低毒	化学农药	杀虫剂	茶小绿叶蝉	10天，每季最多施药1次
丁醚·噻虫啉	低毒	化学农药	杀虫剂	茶小绿叶蝉	
丁醚脲	低毒	化学农药	杀虫剂	小绿叶蝉	
丁醚脲·呋虫胺	低毒	化学农药	杀虫剂	茶小绿叶蝉	10天，每季最多施药1次
啶虫脒	中等毒	化学农药	杀虫剂	茶小绿叶蝉	14天，每季最多施药1次

续表

登记名称	毒性等级	农药类别	作用类别	防治对象	安全间隔期（参考）
啶氧菌酯	低毒	化学农药	杀菌剂	炭疽病	
短稳杆菌	低毒	微生物源农药	杀虫剂	茶尺蠖	
多抗霉素	低毒	微生物源农药	杀菌剂	茶饼病	
呋虫胺	低毒	化学农药	杀虫剂	茶小绿叶蝉	14 天，每季最多施药 1 次
呋虫胺·醚菊酯	低毒	化学农药	杀虫剂	茶小绿叶蝉	7 天，每季最多施药 1 次
呋虫胺·唑虫酰胺	低毒	化学农药	杀虫剂	茶小绿叶蝉	7 天，每季最多施药 1 次
氟啶·氟啶脲	微毒	化学农药	杀虫剂	茶小绿叶蝉	10 天，每季最多施药 1 次
氟啶虫酰胺	低毒	化学农药	杀虫剂	茶小绿叶蝉	10 天，每季最多施药 1 次
氟啶虫酰胺·联苯菊酯	低毒	化学农药	杀虫剂	茶小绿叶蝉	5 天，每季最多施药 1 次
复硝酚钾	低毒	化学农药	植物生长调节剂	调节生长	
甘蓝夜蛾核型多角体病毒	低毒	微生物源农药	杀虫剂	茶尺蠖	
高氯·马	中等毒	化学农药	杀虫剂	小绿叶蝉、茶毛虫	
高效氯氟氰菊酯	中等毒	化学农药	杀虫剂	茶尺蠖、小绿叶蝉	5 天，每季最多施药 1 次
高效氯氰菊酯	中等毒	化学农药	杀虫剂	尺蠖、茶小绿叶蝉	10 天，每季最多施药 1 次

登记名称	毒性等级	农药类别	作用类别	防治对象	安全间隔期（参考）
几丁聚糖	微毒		杀菌剂/植物诱抗剂	炭疽病	
甲氰·辛硫磷	中等毒	化学农药	杀虫剂	茶尺蠖	
甲氰菊酯	中等毒	化学农药	杀虫剂	茶尺蠖	7天，每季最多施药1次
甲维·呋虫胺	低毒	化学农药	杀虫剂	茶小绿叶蝉	14天，每季最多施药1次
甲维·虫螨腈	低毒	化学农药	杀虫剂	茶小绿叶蝉	
甲维·丁醚脲	低毒	化学农药	杀虫剂	茶小绿叶蝉	
甲维·噻虫嗪	低毒	化学农药	杀虫剂	茶小绿叶蝉	
甲维盐·唑虫酰胺	低毒	化学农药	杀虫剂	茶小绿叶蝉	14天，每季最多施药1次
金龟子绿僵菌	低毒	微生物源农药	杀虫剂	茶小绿叶蝉	
糠氨基嘌呤			植物生长调节剂	调节生长	
苦参·藜芦碱	低毒	植物源农药	杀虫剂	茶小绿叶蝉	
苦参碱	低毒	植物源农药	杀虫剂/杀菌剂	红蜘蛛、茶毛虫、茶尺蠖、茶小绿叶蝉	7天
苦皮藤素	低毒	植物源农药	杀虫剂	茶尺蠖	
矿物油	低毒	矿物源农药	杀虫剂/杀螨剂/杀菌剂	茶橙瘿螨、红蜘蛛	7天

续表

登记名称	毒性等级	农药类别	作用类别	防治对象	安全间隔期（参考）
喹螨醚	中等毒	化学农药	杀螨剂／杀虫剂	红蜘蛛	7天，每季最多施药1次
藜芦碱	低毒	植物源农药	杀虫剂	茶黄螨、茶橙瘿螨、茶小绿叶蝉	
联苯·吡虫啉	低毒	化学农药	杀虫剂	茶小绿叶蝉	
联苯·呋虫胺	低毒	化学农药	杀虫剂	茶小绿叶蝉	
联苯·甲维盐	中等毒	化学农药	杀虫剂	茶尺蠖、茶毛虫	
联苯·噻虫啉	低毒	化学农药	杀虫剂	茶小绿叶蝉、粉虱	
联苯·噻虫嗪	低毒	化学农药	杀虫剂	黑刺粉虱	
联苯·茚虫威	低毒	化学农药	杀虫剂	茶小绿叶蝉	
联苯菊酯	中等毒	化学农药	杀虫剂／杀螨剂	小绿叶蝉、茶毛虫、茶尺蠖、粉虱、象甲	7天，每季最多施药1次
联菊·丁醚脲	低毒	化学农药	杀虫剂	小绿叶蝉	
联菊·啶虫脒	中等毒	化学农药	杀虫剂	小绿叶蝉	
氯菊酯	低毒	化学农药	杀虫剂	茶毛虫、尺蠖、蚜虫	3天，每季最多施药2次
氯氰·吡虫啉	中等毒	化学农药	杀虫剂	茶小绿叶蝉	
氯氰·敌敌畏	中等毒	化学农药	杀虫剂	茶尺蠖	
氯氰·辛硫磷	中等毒	化学农药	杀虫剂	茶尺蠖	

登记名称	毒性等级	农药类别	作用类别	防治对象	安全间隔期（参考）
氯氰菊酯	中等毒	化学农药	杀虫剂	茶尺蠖、茶毛虫、小绿叶蝉	7天，每季最多施药1次
氯噻啉	低毒	化学农药	杀虫剂	小绿叶蝉	
马拉·联苯菊	中等毒	化学农药	杀虫剂	茶小绿叶蝉	
马拉硫磷	低毒	化学农药	杀虫剂	长白蚧、象甲	10天，每季最多施药1次
醚菊酯	低毒	化学农药	杀虫剂	茶小绿叶蝉	
灭草松	低毒	化学农药	除草剂	阔叶杂草	每季最多施药1次
扑草净	低毒	化学农药	除草剂	阔叶杂草	每季最多施药1次
氢氧化铜	低毒	矿物源农药	杀菌剂	炭疽病	
球孢白僵菌	低毒	微生物源农药	杀虫剂	茶小绿叶蝉	3天
噻虫·高氯氟	中等毒	化学农药	杀虫剂	茶尺蠖、小绿叶蝉	
噻虫嗪	低毒	化学农药	杀虫剂	茶小绿叶蝉	3天，每季最多施药4次
噻嗪·高氯氟	中等毒	化学农药	杀虫剂	小绿叶蝉	
噻嗪酮	低毒	化学农药	杀虫剂	小绿叶蝉	10天，每季最多施药1次
杀螟丹	中等毒	化学农药	杀虫剂	茶小绿叶蝉	7天，每季最多施药2次
杀螟硫磷	中等毒	化学农药	杀虫剂	尺蠖、茶毛虫、小绿叶蝉	10天，每季最多施药1次
蛇床子素	低毒	植物源农药	杀虫剂/杀菌剂	茶尺蠖	
石硫合剂	中等毒	矿物源农药	杀螨剂/杀菌剂	红蜘蛛、叶螨	2个月以上（采摘期不宜使用）

续表

登记名称	毒性等级	农药类别	作用类别	防治对象	安全间隔期（参考）
苏云金杆菌	低毒	微生物源农药	杀虫剂	茶毛虫	3 天
西玛津	低毒	化学农药	除草剂	一年生杂草	每季最多施药 1 次
烯啶虫胺	低毒	化学农药	杀虫剂	茶小绿叶蝉	14 天，每季最多施药 1 次
烯腺·羟烯腺	低毒	微生物源农药	植物生长调节剂	调节生长	
香芹酚	低毒	植物源农药	杀虫剂／杀菌剂	茶小绿叶蝉	
辛硫·高氯氟	中等毒	化学农药	杀虫剂	茶尺蠖	
辛硫磷	低毒	化学农药	杀虫剂	食叶害虫	5 天
溴氰·噻虫啉	中等毒	化学农药	杀虫剂	小绿叶蝉	
溴氰菊酯	中等毒	化学农药	杀虫剂	害虫（茶尺蠖、茶毛虫、卷叶蛾、刺蛾、茶小绿叶蝉、黑刺粉虱、介壳虫、蚜虫）	5 天，每季最多施药 1 次
依维·虫螨腈	低毒	化学农药	杀虫剂	茶小绿叶蝉	
印楝素	低毒	植物源农药	杀虫剂	茶毛虫、茶小绿叶蝉	7 天
茚虫·吡蚜酮	低毒	化学农药	杀虫剂	茶小绿叶蝉	
茚虫威	低毒	化学农药	杀虫剂	茶小绿叶蝉	7 天，每季最多施药 1 次
莠去津	低毒	化学农药	除草剂	一年生杂草	
螺虫·呋虫胺	低毒	化学农药	杀虫剂	茶小绿叶蝉	7 天，每季最多施药 1 次
鱼藤酮	低毒	植物源农药	杀虫剂	茶小绿叶蝉	7 天，每季最多施药 1 次

登记名称	毒性等级	农药类别	作用类别	防治对象	安全间隔期（参考）
除虫菊·印楝籽提取物	微毒	植物源农药	杀虫剂	茶小绿叶蝉	7 天，每季最多施药 5 次
藜芦根茎提取物	低毒	植物源农药	杀虫剂	茶橙瘿螨、茶小绿叶蝉	10 天，每季最多施药 1 次

注：采集自中国农药信息网农药等级数据库，数据截至 2021 年 9 月。安全间隔期以登记的商品使用说明为准。

茶叶农残限量国家标准

序号	检测项目	主要用途	ADI (mg/kg bw)	GB2763—2019 限量指标 (mg/kg)	GB2763—2021 限量指标 (mg/kg)	现执行限量 (mg/kg)	备注
1	苯醚甲环唑	杀菌剂	0.01	10	10	10	
2	吡虫啉	杀虫剂	0.06	0.5	0.5	0.5	
3	吡蚜酮	杀虫剂	0.03	2	2	2	
4	草铵膦	除草剂	0.01	0.5*	0.5*	0.5*	
5	草甘膦	除草剂	1	1	1	1	
6	虫螨腈	杀虫剂	0.03	20	20	20	
7	除虫脲	杀虫剂	0.02	20	20	20	
8	哒螨灵	杀虫剂	0.01	5	5	5	
9	敌百虫	杀虫剂	0.002	2	2	2	
10	丁醚脲	杀虫剂 / 杀螨剂	0.003	5*	5	5*	
11	啶虫脒	杀虫剂	0.07	10	10	10	
12	多菌灵	杀菌剂	0.03	5	5	5	
13	氟氯氰菊酯、高效氟氯氰菊酯	杀虫剂	0.04	1	1	1	
14	氟氰戊菊酯	杀虫剂	0.02	20	20	20	
15	甲胺磷	杀虫剂	0.004	0.05	0.05	0.05	
16	甲拌磷	杀虫剂	0.0007	0.01	0.01	0.01	
17	甲基对硫磷	杀虫剂	0.003	0.02	0.02	0.02	
18	甲基硫环磷	杀虫剂	—	0.03*	0.03*	0.03*	
19	甲氰菊酯	杀虫剂	0.03	5	5	5	
20	克百威	杀虫剂	0.001	0.05	0.02	0.05	

序号	检测项目	主要用途	ADI (mg/kg bw)	GB2763—2019 限量指标 (mg/kg)	GB2763—2021 限量指标 (mg/kg)	现执行限量 (mg/kg)	备注
21	喹螨醚	杀螨剂	0.05	15	15	15	
22	联苯菊酯	杀虫剂／杀螨剂	0.01	5	5	5	
23	硫丹	杀虫剂	0.006	10	10	10	
24	硫环磷	杀虫剂	0.05	0.03	0.03	0.03	
25	氯氟氰菊酯、高效氯氟氰菊酯	杀虫剂	0.02	15	15	15	
26	氯菊酯	杀虫剂	0.05	20	20	20	
27	氯氰菊酯、高效氯氰菊酯	杀虫剂	0.02	20	20	20	
28	氯噻啉	杀虫剂	0.025	3*	3*	3*	
29	氯唑磷	杀虫剂	0.00005	0.01	0.01	0.01	
30	灭多威	杀虫剂	0.02	0.2	0.2	0.2	
31	灭线磷	杀线虫剂	0.0004	0.05	0.05	0.05	
32	内吸磷	杀虫剂／杀螨剂	0.00004	0.05	0.05	0.05	
33	氰戊菊酯、S-氰戊菊酯	杀虫剂	0.02	0.1	0.1	0.1	
34	噻虫嗪	杀虫剂	0.08	10	10	10	
35	噻螨酮	杀螨剂	0.03	15	15	15	
36	噻嗪酮	杀虫剂	0.009	10	10	10	
37	三氯杀螨醇	杀螨剂	0.002	0.2	0.01	0.2	饮料类
38	杀螟丹	杀虫剂	0.1	20	20	20	
39	杀螟硫磷	杀虫剂	0.006	0.5*	0.5	0.5*	
40	水胺硫磷	杀虫剂	0.003	0.05	0.05	0.05	

序号	检测项目	主要用途	ADI (mg/kg bw)	GB2763—2019 限量指标 （mg/kg）	GB2763—2021 限量指标 （mg/kg）	现执行 限量 （mg/kg）	备注
41	特丁硫磷	杀虫剂	0.0006	0.01*	0.01*	0.01	
42	辛硫磷	杀虫剂	0.004	0.2	0.2	0.2	
43	溴氰菊酯	杀虫剂	0.01	10	10	10	
44	氧乐果	杀虫剂	0.0003	0.05	0.05	0.05	
45	乙酰甲胺磷	杀虫剂	0.03	0.1	0.05	0.1	
46	茚虫威	杀虫剂	0.01	5	5	5	
47	滴滴涕	杀虫剂	0.01	0.2	0.2	0.2	
48	六六六	杀虫剂	0.005	0.2	0.2	0.2	
49	百草枯	除草剂	0.005	0.2	0.2	0.2	
50	乙螨唑	杀螨剂	0.05	15	15	15	
51	百菌清	杀菌剂	0.02	10	10	—	
52	吡唑醚菌酯	杀菌剂	0.03	10	10	—	
53	丙溴磷	杀虫剂	0.03	0.5	0.5	—	
54	毒死蜱	杀虫剂	0.01	2	2	—	
55	呋虫胺	杀虫剂	0.2	20	20	—	
56	氟虫脲	杀虫剂	0.04	20	20	—	
57	甲氨基阿维菌素苯甲酸盐	杀虫剂	0.0005	0.5	0.5	—	
58	甲萘威	杀虫剂	0.008	5	5	—	
59	醚菊酯	杀虫剂	0.03	50	50	—	
60	噻虫胺	杀虫剂	0.1	10	10	—	
61	噻虫啉	杀虫剂	0.01	10	10	—	
62	西玛津	除草剂	0.018	0.05	0.05	—	
63	印楝素	杀虫剂	0.1	1	1	—	

序号	检测项目	主要用途	ADI (mg/kg bw)	GB2763—2019 限量指标 （mg/kg）	GB2763—2021 限量指标 （mg/kg）	现执行 限量 （mg/kg）	备注
64	莠去津	除草剂	0.02	0.1	0.1	—	
65	唑虫酰胺	杀虫剂	0.006	50	50	—	
66	丁硫克百威	杀虫剂	0.01		0.01		
67	啶氧菌酯	杀菌剂	0.09		20		
68	甲基异柳磷	杀虫剂	0.003		0.01*		
69	乐果	杀虫剂	0.002		0.05		
70	烯啶虫胺	杀虫剂	0.53		1		
71	依维菌素	杀虫剂	0.001		0.2		
72	胺苯磺隆	除草剂	0.2		0.02		饮料类
73	巴毒磷	杀虫剂	—		0.05*		饮料类
74	丙酯杀螨醇	杀虫剂	—		0.02*		饮料类
75	草枯醚	除草剂	—		0.01*		饮料类
76	草芽畏	除草剂	—		0.01*		饮料类
77	毒虫畏	杀虫剂	0.0005		0.01		饮料类
78	毒菌酚	杀菌剂	0.0003		0.01*		饮料类
79	二溴磷	杀虫剂	0.002		0.01*		饮料类
80	氟除草醚	除草剂	—		0.01*		饮料类
81	格螨酯	杀螨剂	—		0.01*		饮料类
82	庚烯磷	杀虫剂	0.003		0.01*		饮料类
83	环螨酯	杀螨剂	—		0.01*		饮料类
84	甲磺隆	除草剂	0.25		0.02		饮料类
85	甲氧滴滴涕	杀虫剂	0.0005		0.01		饮料类
86	乐杀螨	杀虫剂／ 杀螨剂	—		0.05*		饮料类

序号	检测项目	主要用途	ADI（mg/kg bw）	GB2763—2019 限量指标（mg/kg）	GB2763—2021 限量指标（mg/kg）	现执行限量（mg/kg）	备注
87	氯苯甲醚	杀菌剂	0.013		0.05		饮料类
88	氯磺隆	除草剂	0.2		0.02		饮料类
89	氯酞酸	除草剂	0.01		0.01*		饮料类
90	氯酞酸甲酯	除草剂	0.01		0.01		饮料类
91	茅草枯	除草剂	0.03		0.01*		饮料类
92	灭草环	除草剂	0.003		0.05*		饮料类
93	灭螨醌	杀螨剂	0.023		0.01		饮料类
94	三氟硝草醚	除草剂	—		0.05*		饮料类
95	杀虫畏	杀虫剂	0.0028		0.01		饮料类
96	杀扑磷	杀虫剂	0.001		0.05		饮料类
97	速灭磷	杀虫剂／杀螨剂	0.0008		0.05		饮料类
98	特乐酚	除草剂	—		0.01*		饮料类
99	戊硝酚	杀虫剂／除草剂	—		0.01*		饮料类
100	烯虫炔酯	杀虫剂			0.01*		饮料类
101	烯虫乙酯	杀虫剂	0.1		0.01*		饮料类
102	消螨酚	杀虫剂／杀螨剂	0.002		0.01*		饮料类
103	溴甲烷	熏蒸剂	1		0.02*		饮料类
104	乙酯杀螨醇	杀螨剂	0.02		0.05		饮料类
105	抑草蓬	除草剂	—		0.05*		饮料类
106	茚草酮	除草剂	0.0035		0.01*		饮料类

注：＊表示该限量为临时限量。

NY/T 5018—2015
茶叶生产技术规程（节选）

3 基地选择与规划

3.1 茶园环境

3.1.1 基地应远离化工厂和有毒土壤、水质、气体等污染源。

3.1.2 与主干公路、荒山、林地和农田等的边界应设立缓冲带、隔离沟、林带或物理障碍区。

3.1.3 产地环境条件应符合 NY 5020 的规定。

3.2 园地规划

园地规划与建设应有利于保护和改善茶区生态环境、维护茶园生态平衡和生物多样性，发挥茶树良种的优良种性。

3.3 道路和水利系统

3.3.1 根据基地规模、地形和地貌等条件，设置合理的道路系统，包括主道、支道、步道和地头道，便于运输和茶园机械作业。大中型茶场以总部为中心，与各区、片、块有道路相通。规模较小的茶场设置支道、步道和地头道。

3.3.2 建立完善的水利系统，做到能蓄能排。宜建立茶园节水灌溉系统。

3.4 茶园开垦

3.4.1 茶园开垦应注意水土保持，根据不同坡度和地形，选择适宜的时期、方法和施工技术。

3.4.2 平地和坡度 15° 以下的缓坡地等高开垦；坡度在 15° 以上时，建筑内倾等高梯级园地。

3.4.3 开基深度在 50cm 以上，在此深度内有明显障碍层（如硬塥层、网纹层或犁底层）的土壤应破除障碍层。

3.5 茶园生态建设

3.5.1 茶园四周或茶园内不适合种茶的空地应植树造林，茶园的上风口应营造防护林。主要道路、沟渠两边种植行道树。

3.5.2 除北方茶区外其他茶区集中连片的茶园可适当种植遮阳树，遮光率控制在 10%~30%。

3.5.3 缺丛断行严重、覆盖度低于 50% 的茶园，补植缺株，合理剪、采、养，提高茶园覆盖度。树龄大、品种老化的茶园应改植换种。

3.5.4 土壤坡度较大、水土流失严重茶园退茶还林。

4 茶树种植

4.1 品种选择

4.1.1 选择适应当地气候、土壤和所制茶类并经国家或省级审 (认、鉴) 定的茶树品种。

4.1.2 合理配置早、中、晚生品种，种苗质量符合 GB 11767 中 Ⅰ、Ⅱ 级的规定。

4.1.3 从国外引种或国内向外地引种时，应进行植物检疫，符合 GB 11767 的规定。

4.2 种植方法

4.2.1 平地茶园直线种植，坡地茶园横坡等高种植；采用单行条植或双行条植方式种植，满足田间机械作业要求；单行条植行距 1.5~1.8m、丛距 0.33m，双行条植行距 1.5~1.8m、列距 0.3m、丛距 0.33m，每丛 1~2 株。

4.2.2 种植前施足底肥，以有机肥和矿物源肥料为主，底肥深度在 30~40cm。

4.2.3 种植茶苗根系离底肥 10cm 以上，防止底肥灼伤茶苗。

5 土壤管理和施肥

5.1 土壤管理

5.1.1 定期监测土壤肥力水平和重金属元素含量，每 3 年检测 1 次。根据检测结果，有针对性地采取土壤改良措施。对于土壤重金属等污染物含量超标的茶园应退茶还林。

5.1.2 采用地面覆盖等措施提高茶园的保土保肥蓄水能力，植物源覆盖材料 (草、修剪枝叶和作物秸秆) 应未受有害或有毒物质的污染。

5.1.3 采用合理耕作、施用有机肥等方法改良土壤结构。耕作时应考虑当地降水条件，防止水土流失。土壤深厚、松软、肥沃，树冠覆盖度大，病虫草害少的茶园可实行减耕或免耕。

5.1.4 幼龄或台刈改造茶园，宜间作豆科绿肥或高光效牧草等，适时刈割。

5.1.5 土壤 pH 低于 4.0 的茶园，宜施用白云石粉、石灰等物质调节土壤 pH 至 4.0~5.5 范围内。土壤 pH 高于 6.0 的茶园应多选用生理酸性肥料调节土壤 pH 至适宜的范围。

5.1.6 土壤相对含水量低于 70% 时，茶园宜节水灌溉。灌溉用水水质符合 GB 5084 中旱作的规定。

5.2 施肥

5.2.1 根据土壤理化性质、茶树长势、预计产量、制茶类型和气候等条件，确定合理的肥料种类、数量和施肥时间，实施茶园测土平衡施肥，基肥和追肥配合施用。一般成龄采摘茶园全年每 667m² 氮肥（按纯氮计）用量 20~30kg、磷肥（按 P_2O_5 计）4~8kg、钾肥（按 K_2O 计）6~10kg。

5.2.2 宜多施有机肥料，化学肥料与有机肥料应配合使用，避免单纯使用化学肥料和矿物源肥料。

5.2.3 茶园使用的有机肥料、复混肥料（复合肥料）、有机—无机复混肥料、微生物肥料应分别符合 NY 525、GB 15063、GB 18877、NY 227 的规定；农家肥施用前应经渥（沤）堆等无害化处理。

5.2.4 基肥于当年秋季采摘结束后施用，有机肥与化肥配合施用；平地和宽幅梯级茶园在茶行中间、坡地和窄幅梯级茶园于上坡位置或内侧方向开沟深施，深度 20cm 以上，施肥后及时盖土。一般每 667m² 基肥施用量（按纯氮计）6~12kg（占全年的 30%~40%）。根据土壤条件，配合施用磷肥、钾肥和其他所需营养。

5.2.5 追肥结合茶树生育规律进行，时间在各季茶叶开采前 20~40 天施用，以化肥为主，开沟施入，沟深 10cm 左右，开沟位置同 5.2.4 的要求施用，施肥后及时盖土。追肥氮肥施用量（按纯氮计）每次每 667m² 不超过 15kg。

5.2.6 茶树出现营养元素缺乏时可以使用叶面肥，施用的商品叶面肥应经农业部登记许可，符合 GB/T 17419、GB/T 17420 的规定。叶面肥应与土壤施肥相结合，采摘前 10 天停止使用。

6 病、虫、草害防治

6.1 防治原则

遵循"预防为主,综合治理"方针,从茶园整个生态系统出发,综合运用各种防治措施,创造不利于病虫草等有害生物滋生和有利于各类天敌繁衍的环境条件,保持茶园生态系统的平衡和生物的多样性,将有害生物控制在允许的经济阈值以下,将农药残留降低到规定标准的范围。

6.2 农业防治

6.2.1 换种改植或发展新茶园时,应选用对当地主要病虫抗性较强的品种。

6.2.2 分批、多次、及时采摘,抑制假眼小绿叶蝉、茶橙瘿螨、茶白星病等为害芽叶的病虫。

6.2.3 采用深修剪或重修剪等技术措施,减轻毒蛾类、蚧类、黑刺粉虱等害虫的为害,控制螨类的越冬基数。

6.2.4 秋末宜结合施基肥,进行茶园深耕,减少翌年在土壤中越冬的鳞翅目和象甲类害虫的种群密度。

6.2.5 清理病虫危害茶树根际附近的落叶和翻耕表土,减少茶树病原菌和在表土中害虫的越冬场所。

6.3 物理防治

6.3.1 采用人工捕杀,减轻茶毛虫、茶蚕、蓑蛾类、茶丽纹象甲等害虫为害。

6.3.2 利用害虫的趋性,进行灯光诱杀、色板诱杀或异性诱杀。

6.3.3 采用机械或人工方法防除杂草。

6.4 生物防治

6.4.1 保护和利用当地茶园中的草蛉、瓢虫、蜘蛛、捕食螨、寄生蜂等有益生物,减少人为因素对天敌的伤害。

6.4.2 宜使用生物源农药如微生物农药、植物源农药和矿物源农药。所使用的生物源农药和矿物源农药应通过农业部登记许可。

6.5 化学防治

6.5.1 严格按制订的防治指标 (经济阈值)，掌握防治适期施药。宜一药多治或农药的合理混用，有限制地使用低毒、低残留、低水溶解度的农药，限制使用高水溶性农药，所使用农药应通过农业部茶叶上使用登记许可。茶园主要病虫害的防治指标、防治适期及推荐使用药剂参见附录 A。茶园可使用的农药品种及其安全使用标准参见附录 B。

6.5.2 宜低容量喷雾，一般蓬面害虫实行蓬面扫喷；茶丛中下部害虫提倡侧位低容量喷雾。

6.5.3 禁止使用国家公告禁限止高毒、高残留农药和撤销茶树上使用登记许可的农药。茶园禁限止使用农药参见附录 C。

6.5.4 严格按照 GB 4285、GB/T 8321 的规定控制施药量。

6.5.5 在茶园冬季管理结束后，用石硫合剂进行封园。

6.5.6 施药操作人员应做好防护，防止农药中毒。妥善保管农药，妥善处理使用后的药瓶、药袋和剩余药剂。

7 茶树修剪

7.1 修剪方法

根据茶树的树龄、长势和修剪目的分别采用定型修剪、轻修剪、深修剪、重修剪和台刈等方法，培养优化型树冠，复壮树势。

7.2 清理树冠

重修剪和台刈改造的茶园应清理树冠，宜使用波尔多液冲洗枝干，防治苔藓和剪口病菌感染等。

7.3 侧边修剪

覆盖度较大的茶园，每年进行茶行边缘修剪，相邻茶行树冠外缘保持 20cm 左右的间距。

7.4 修剪枝叶处理

修剪枝叶留在茶园内，病虫枝条清出茶园。

8 茶叶采摘

8.1 合理采摘

根据茶树生长特性和各茶类对加工原料的要求，遵循采留结合、量质兼顾和因园制宜的原则，按照标准，适时采摘。

8.2 手工采茶

手工采茶要求提手采，保持芽叶完整、新鲜、匀净，不夹带鳞片、鱼叶、茶果与老枝叶，不宜捋采和抓采。

8.3 机械采茶

发芽整齐、生长势强、采摘面平整的茶园提倡机采；机采作业符合 NY/T 225 的要求。采茶机应使用无铅汽油和机油，防止污染茶叶、茶树和土壤。

8.4 鲜叶储运

采用清洁、通风性良好的竹编、网眼茶篮或篓筐盛装鲜叶。采下的茶叶及时运抵茶厂进行加工，防止鲜叶质变和混入有毒、有害物质。

8.5 安全期间隔期采摘

采茶时期应符合 GB 4285、GB/T 8321 规定的农药使用安全间隔期要求。

9 档案记录

9.1 农资投入品档案

建立农药、化肥等投入品采购、入出库、使用档案，包括投入品成分、来源、使用方法、使用量、使用日期、使用人、防治对象等信息。

9.2 农事操作档案

建立农事操作管理档案，包括植保措施、土肥管理、修剪、采摘等信息。

9.3 档案记录保管

档案记录保持 2 年，内容准确、完整、清晰。

附录 A（资料性附录）
茶树主要病虫害的防治指标、防治适期及推荐使用药剂

茶树主要病虫害的防治指标、防治适期及推荐使用的药剂见表 A.1。

表 A.1 茶树主要病虫害的防治指标、防治适期及推荐使用药剂

病虫害名称	防治指标	防治适期	推荐使用药剂
茶尺蠖	成龄投产茶园：幼虫量每平方米 7 头以上	喷施茶尺蠖病毒制剂应掌握在 1~2 龄幼虫期，喷施化学农药或植物源农药掌握在 3 龄前幼虫期	茶尺蠖病毒制剂、鱼藤酮、苦参碱、联苯菊酯、氯氰菊酯、溴氰菊酯、除虫脲、茚虫威、阿立卡
茶黑毒蛾	第一代幼虫量每平方米 4 头以上；第二代幼虫量每平方米 7 头以上	3 龄前幼虫期	Bt 制剂、苦参碱、溴氰菊酯、氯氰菊酯、联苯菊酯、除虫脲、茚虫威、阿立卡、溴虫腈
假眼小绿叶蝉	第一峰百叶虫量超过 6 头或每平方米虫量超过 15 头；第二峰百叶虫量超过 12 头或每平方米虫量超过 27 头	施药适期掌握在入峰后（高峰前期），且若虫占总量的 80% 以上	白僵菌制剂、鱼藤酮、杀螟丹、联苯菊酯、氯氰菊酯、三氟氯氰菊酯、溴虫腈、茚虫威
茶橙瘿螨	每平方厘米叶面积有虫 3~4 头或指数值 6~8	发生高峰期以前，一般为 5 月中旬至 6 月上旬，8 月下旬至 9 月上旬	克螨特、四螨嗪、溴虫腈
茶丽纹象甲	成龄投产茶园每平方米虫量在 15 头以上	成虫出土盛末期	白僵菌、杀螟丹、联苯菊酯、茚虫威、阿立卡
茶毛虫	百丛卵块 5 个以上	3 龄前幼虫期	茶毛虫病毒制剂、Bt 制剂、溴氰菊酯、氯氰菊酯、除虫脲、溴虫腈、茚虫威
黑刺粉虱	小叶种 2~3 头 / 叶，大叶种 4~7 头 / 叶	卵孵化盛末期	粉虱真菌、溴虫腈
茶蚜	有蚜芽梢率 4%~5%，芽下二叶有蚜叶上平均虫口 20 头	发生高峰期，一般为 5 月上中旬和 9 月下旬至 10 月中旬	溴氰菊酯、茚虫威

续表

病虫害名称	防治指标	防治适期	推荐使用药剂
茶小卷叶蛾	1、2代，采摘前，每平方米茶丛幼虫数 8 头以上；3、4 代每平方米幼虫量 15 头以上	1、2 龄幼虫期	溴氰菊酯、三氟氯氰菊酯、氯氰菊酯、茚虫威
茶细蛾	百芽梢有虫 7 头以上	潜叶、卷边期（1~3 龄幼虫期）	苦参碱、溴氰菊酯、三氟氯氰菊酯、氯氰菊酯、茚虫威
茶刺蛾	每平方米幼虫数幼龄茶园 10 头、成龄茶园 15 头	2、3 龄幼虫期	参照茶尺蠖
茶芽枯病	叶罹病率 4%~6%	春茶初期，老叶发病率 4%~6% 时	石灰半量式波尔多液、甲基托布津
茶白星病	叶罹病率 6%	春茶期，气温在 16~24℃，相对湿度 80% 以上；或叶发病率＞6%	石灰半量式波尔多液、甲基托布津
茶饼病	芽梢罹病率 35%	春、秋季发病期，5d 中有 3d 上午日照＜3h，或降水量＞2.5~5mm，芽梢发病率＞35%	石灰半量式波尔多液、多抗霉素、百菌清
茶云纹叶枯病	叶罹病率 44%；成老叶罹病率 10%~15%	6月、8~9月发生盛期、气温＞28℃，相对湿度＞80% 或叶发病率 10%~15% 施药防治	石灰半量式波尔多液、甲基托布津

附录 B（资料性附录）
茶园可使用的农药品种及其安全使用标准

茶园可使用的农药品种及其安全使用标准见表 B.1。

表 B.1　茶园可使用的农药品种及其安全使用标准

农药品种	每 667m² 使用剂量（g 或 mL）	稀释倍数	安全间隔期（d）	施药方法、每季最多使用次数
2.5% 三氟氯氰菊酯乳油	12.5~20	4000~6000	5	喷雾 1 次
2.5% 联苯菊酯乳油	12.5~25	3000~6000	6	喷雾 1 次
10% 氯氰菊酯乳油	12.5~20	4000~6000	7	喷雾 1 次
2.5% 溴氰菊酯乳油	12.5~20	4000~6000	5	喷雾 1 次
20% 四螨嗪悬浮剂	50~75	1000	10*	喷雾 1 次
15% 茚虫威乳油	12~18	2500~3000	10~14	喷雾
24% 溴虫腈悬浮剂	25~30	1500~1800	7	喷雾
22% 噻虫嗪高效氯氟氰菊酯微囊悬浮剂（阿立卡）	8~10	6000	7	喷雾
0.5% 苦参碱乳油	75	1000	7*	喷雾
2.5% 鱼藤酮乳油	150~250	300~500	7*	喷雾
20% 除虫脲悬浮剂	20	2000	7~10	喷雾 1 次
99% 矿物油乳油	300~500	150~200	5*	喷雾 1 次
Bt 制剂（1600 国际单位）	75	1000	3*	喷雾 1 次
茶尺蠖病毒制剂（0.2 亿 PIB/mL）	50	1000	3*	喷雾 1 次
茶毛虫病毒制剂（0.2 亿 PIB/mL）	50	1000	3*	喷雾 1 次
白僵菌制剂（100 亿孢子 /g）	100	500	3*	喷雾 1 次
粉虱真菌制剂（10 亿孢子 /g）	100	200	3*	喷雾 1 次
45% 晶体石硫合剂	300~500	150~200	封园防治；采摘期不宜使用	喷雾
石灰半量式波尔多液（0.6%）	75000	—	采摘期不宜使用	喷雾
75% 百菌清可湿性粉剂	75~100	800~1000	10	喷雾
70% 甲基托布津可湿性粉剂	50~75	1000~1500	10	喷雾

注：* 表示暂时执行的标准。

附录 C（资料性附录）
茶园禁限止使用农药

茶园禁限止使用农药见表 C.1。

表 C.1　茶园禁限止使用农药

类别	名称
有机氯类	六六六，滴滴涕，三氯杀螨醇，毒杀芬，艾氏剂，狄氏剂，硫丹
有机磷类	甲胺磷，甲基对硫磷，对硫磷，久效磷，磷胺，甲拌磷，甲基异柳磷，特丁硫磷，甲基硫环磷，治螟磷，内吸磷，灭线磷，硫环磷，蝇毒磷，地虫硫磷，氯唑磷，苯线磷
氨基甲酸酯类	克百威，涕灭威，灭多威
有机氮类	杀虫脒，敌枯双
拟除虫菊酯类	氰戊菊酯
除草剂类	除草醚
其他	二溴氯丙烷，二溴乙烷，汞制剂，砷类，氟乙酰胺，甘氟，毒鼠强，氟乙酸钠，毒鼠硅，氟虫氰

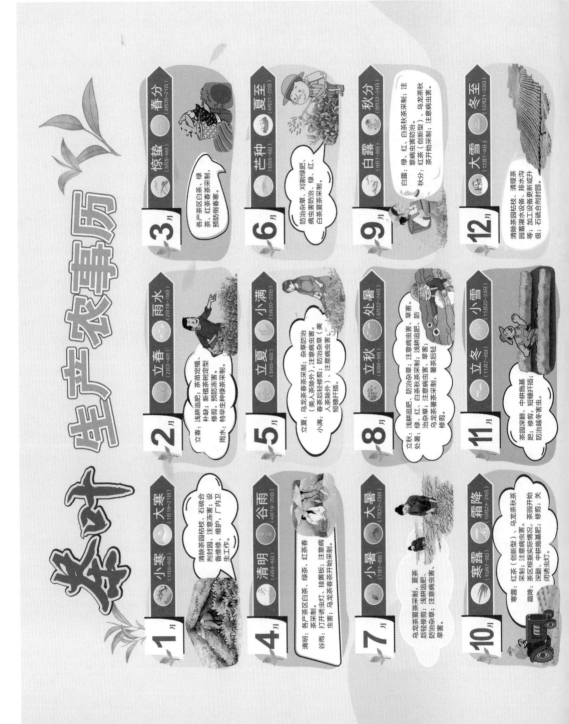

生产农事历

春节

1月
小寒（1月5~6日） 大寒（1月19~21日）
清除茶园枯枝、石硫合剂封园、注意冻害；设备维修、维护，广内卫生工作。

2月
立春（2月3~6日） 雨水（2月18~19日）
立春：浅耕追肥；茶苗定植、新植园修剪，预防冻害。
雨水：待早生种绿茶采制。

3月
惊蛰（3月5~6日） 春分（3月20~21日）
各产茶区白茶、绿茶、红茶春茶采制，预防倒春寒。

4月
清明（4月4~6日） 谷雨（4月19~20日）
清明：各产茶区白茶、绿茶、红茶茶采制；打捕虫灯、挂黄板诱虫害；乌龙茶春茶开始采制。
谷雨：乌龙茶春茶采制，后轻修剪，防治杂草、旱害。

5月
立夏（5月5~6日） 小满（5月20~22日）
立夏：乌龙茶春茶采制；杂草防治（美人茶除外）；注意病虫害、防治杂草（美人茶除）；注意病虫害；短穗扦插。
小满：春茶后轻修剪。

6月
芒种（6月5~6日） 夏至（6月21~22日）
刈割绿肥、防治杂草、病虫害防治，绿、红、白茶夏茶采制。

7月
小暑（7月7~8日） 大暑（7月22~23日）
乌龙茶夏茶采制，夏署后轻修剪；浅耕追肥，防治杂草、注意病虫害、旱害。

8月
立秋（8月6~9日） 处暑（8月22~24日）
立秋：浅耕追肥、绿、红、治杂草；注意病虫害；早害；防治杂草、注意病虫害；防治杂草、注意病虫害；暑茶采制；乌龙茶夏茶采制，暑茶后轻修剪。

9月
白露（9月7~8日） 秋分（9月22~24日）
白露：绿、红、白茶秋茶采制；注意病虫害防治；红茶（创新型）；注意病虫害。
秋分：乌龙茶秋茶开始采制；注意病虫害。

10月
寒露（10月7~9日） 霜降（10月23~24日）
寒露：红茶（创新型）采制；注意病虫害。
霜降：茶区相继次际情况，茶园开始深翻、中耕施基肥，修剪；关闭病虫灯。

11月
立冬（11月7~8日） 小雪（11月22~23日）
茶园深翻肥、修剪；短穗扦插、防治越冬病虫。

12月
大雪（12月7~8日） 冬至（12月21~23日）
清除茶园枯枝、清理茶园蓄灌水设备、排水沟等；加工设备更新或升级；石硫合剂封园。

一、茶园农事活动

1 施肥
春茶中耕施基肥时间：2月上中旬，施肥前挖土深10-20厘米（中耕）或5-10厘米（浅耕），然后沿金覆盖边沟水分开沟施肥，施肥后随即培土。秋茶中耕或追肥时间：7月下旬至8月，施肥前挖土深10-20厘米（中耕）或5-10厘米（浅耕），然后沿边沟或金覆盖边沟水分开沟施肥，10月下旬至11月上旬，施深翻改土施20-30厘米（浅耕）或10-20厘米（中耕），施肥后随即培土。

2 修剪
修剪时间：春茶后6月至7月上旬以及秋茶后10月下旬至11月上旬，剪去茶树顶端嫩梢的枝叶时，一般修剪深度为5-10厘米。深修剪：春茶后6月下旬至7月下旬以及秋茶后10月下旬至11月上旬，以剪除"鸡爪枝"为原则，一般修剪深度为10-15厘米。重修剪：主要用于控制树高时，更新复壮老树，一般2-3年进行一次。一般剪掉树冠40-50厘米处以上的部分枝条。台刈：树势十分衰老时，一般剪掉离地10厘米处以上部位全部枝干。重新养蓬。

3 病虫害防治
黄板与虫板：4月上旬开始，重悬挂虫害的预防工作，更换黄板以维持诱杀虫害。(1)色板与虫板悬挂位置：一般要求高于茶蓬10-20厘米。以悬挂虫口密度，当诱虫板上虫量增多时，每667平方米挂放25张或30片悬挂30片220厘米的防治虫数或30片...

量。(3)色板应于茶园维护或使用，保持其良好诱杀效果。杀虫灯使用：(1)一盏杀虫灯，可有效控制面积30-50亩，使用寿命一般5-6年。(2)定期清理接虫袋和电网污垢，清理时时断时切断电源。

4 草害防治
6月至8月为茶园中的大多数农事主要生长季节，一般可与茶园中耕结合进行除草。杂草旺盛时可单独进行人工除草或施道割草，茶园除草地膜覆盖措施具有较好的防除杂草生的效果。

5 防旱抗旱
7月至9月如遇干旱季节，有灌溉或水源条件的茶园，上午9:00前和下午16:00后宜喷灌溉，灌溉时间宜浅薄少灌，避免旱地积水。盖可降低土壤温度，减少水分蒸发并保持水土。覆盖物（稻草、杂草、绿肥、废料等）覆盖厚度3-10厘米或地膜等也做蓬面。间作绿肥，豆科植物等，减少土壤裸露，降低地表温度，调蓄茶园土壤水分。

6 短穗扦插
春梢扦插宜在4-5月，秋冬扦插宜在8-12月，热季期高温低湿，需搭棚施遮荫工棚，以及大雨天气，不宜剪枝扦插行距在8-10厘米，以中片宽插播为宜，插后即遮荫，喷足水。

7 封园
一般11月至次年1月，秋冬采完时，用0.3-0.5波美度的石硫合剂稀释150-200倍，对茶蓬进行喷雾，喷湿喷透。

二、茶园化肥减施增效技术模式

表1 闽南乌龙茶区不同土壤肥力等级或目标产量的推荐施肥量

土壤肥力	目标茶青产量（春茶+秋茶）（千克/公顷）	肥料组合与用量(1)（千克/亩）			肥料组合与用量(2)（千克/亩）		肥料组合与用量(3)（千克/亩）		
		三元复合肥	尿素	硫酸钾镁肥	专用肥	尿素	商品有机肥	专用肥	尿素
高	>12652	58	50	17	150	0	280	110	0
中	8755-12652	45	60	12	120	20	280	80	20
低	<8755	38	17	4	100	0	150	80	0

肥料组合(1)：基肥、三元复合肥、硫酸钾镁肥按该肥料全年用量施用；春茶追肥、秋茶追肥分别按该尿素全年用量的50%、50%施用。
肥料组合(2)：基肥、春茶追肥、秋茶追肥分别按该专用肥全年用量的40%、30%、30%施用。分别按该尿素全年用量的50%、50%施用。
肥料组合(3)：基肥、商品有机肥全年用量施用。春茶追肥、秋茶追肥按该专用肥和尿素全年用量的50%、50%施用。

表2 闽北乌龙茶区不同土壤肥力等级或目标产量的推荐施肥量

土壤肥力	目标茶青产量（春茶+秋茶）（千克/公顷）	肥料组合与用量(1)（千克/亩）			肥料组合与用量(2)（千克/亩）		肥料组合与用量(3)（千克/亩）	
		三元复合肥	尿素	硫酸钾镁肥	专用肥	尿素	商品有机肥	专用肥
高	>14609	40	26	11	100	11	215	70
中	9649-14609	55	36	16	135	6	250	100
低	<9649	45	26	11	100	16	215	70

肥料组合(1)：基肥、三元复合肥、硫酸钾镁肥按该肥料全年用量施用；春茶追肥、秋茶追肥分别按该尿素全年用量的50%、50%施用。
肥料组合(2)：基肥、春茶追肥、秋茶追肥分别按该专用肥全年用量的40%、30%、30%施用。
肥料组合(3)：基肥、全部商品有机肥，春茶追肥、秋茶追肥分别按该尿素全年用量的50%、50%施用。

表3 其他茶区推荐肥料组合与用量

肥料组合与用量(1)（千克/亩）			肥料组合与用量(2)（千克/亩）	肥料组合与用量(3)（千克/亩）	
三元复合肥	尿素	硫酸钾镁肥	专用肥	商品有机肥	专用肥
40	32	13	100	180	75

注：上述两个三元复合肥为N:P₂O₅:K₂O=15:15:15，硫酸钾镁肥为K₂O:MgO=24:6。茶树专用肥为茶树专用有机无机复混肥（N:P₂O₅:K₂O:MgO=21:6:9:2，有机质≥15%，或相近配方）。

编制单位：福建省农业科学院茶叶研究所 福建省种植业技术推广总站 项目来源：福建省现代农业（茶叶）产业技术体系